配線で読み解く鉄道の魅力

3 首都圏郊外私鉄編

川島令三

天夢人
Temjin

旅鉄CORE
005

JN091643

はじめに

配線というと電線をどう張り巡らしているかという意味になるが、鉄道でいうところの配線とは、線路をどう配置して、どこに分岐器（ポイント）を置くか、ホームをどう配置するか、さらに専門的にはなるが、列車の運転の元になる出発信号機や入換信号機をどこに置いているかで、列車の動きや列車ダイヤの作成にかかわってくる。

各路線の配線をどうしているかによって、列車ダイヤに影響されたり、乗客の利便性をよくしたりできる。

本書では首都圏の都心から郊外に路線を持つ大手私鉄の主要路線の配線状況を取り上げた。ＪＲも各社、各地区によって線路の配置の仕方が異なるが、そうはいっても元国鉄だったために大まかな面でみると統一されている。基本的に国鉄は機関車列車からはじまっているので、機関車をスムーズに動かせる配線になっていた。

首都圏の私鉄においても東武鉄道や西武鉄道の池袋線、相模鉄道（開業時は神中鉄道）、などは国鉄と同様に機関車の運転を前提にした配線からはじまっている。

ところが京浜急行と京成電鉄、京王電鉄は発祥が路面電車だったので、軽快な路面電車を走らせる配線で出発した。その後、急行や特急など高速の列車を走らせるようになった。しかも特急や急行のほうが運転に重点が置かれ、各停（普通）のほうがサブ的な列車として走らせている。

とくに京浜急行は長大編成の列車を軽快に走らせている。長大編成ではあるが路面電車的配線を引き継いで軽快に走らせている。

それにくらべて東急電鉄と西武新宿線、京王井の頭線は各駅停車電車だけが走る路線としてスタートした。

井の頭線での急行運転開始は昭和46年12月と他の路線にくらべて遅い。急行運転を開始したときは、こんな短い路線で急行など走らせる必要はないという意見が続出した。それが今では急行のほうが混んでいて頻繁に運転されている。

東急東横線の急行は当初は電車でなくガソリンカーで運転されていた。やはり不要論が続出していた。田園都市線も開業当初は急行の運転はされておらず、昭和58年になってやっと長津田↓二子玉川園間で通過運転をする快速が運転されるようになった。

後発の小田急電鉄は新宿―小田原間という長距離路線を一気に開通させたので、新宿―稲田登戸（現向ヶ丘遊園）間は各停電車と、この区間を通過する長距離電車の2種を当初から走らせる配線でスタートした。

また、ＪＲと同じ軌間１０６７㎜の狭軌の各線は東急を除いて貨物列車も頻繁に走らせていた。貨物列車の運転は皆無になったが、その貨物列車の配線がまだ残っている。

これら首都圏の東京メトロを除く各大手私鉄路線はそれぞれの歴史を引きずりながら現在の配線が形成されている。このため各社各様の特徴ある配線になっていて、各社の配線は興味深い。

これら配線について写真を中心に紹介したのが本書である。なお、最近の多くの駅はホームドアが設置されている。このため配線が見にくくなっている。配線変更した駅を除いてホームドアがなかったときの写真を多用していることをご容赦していただきたい。

本書によって、首都圏大手私鉄の配線の特徴を把握し、楽しんでいただければ幸いである。

2023年5月

川島　令三

目次

京成本線　195

京成上野／日暮里／千住大橋／青砥／京成高砂／京成小岩／市川真間／東中山／船橋競馬場／京成津田沼／八千代台／京成大和田／ユーカリが丘／京成臼井／京成佐倉／宗吾参道／京成成田

配線で読み解く鉄道の魅力

首都圏郊外私鉄編

3

京浜急行本線・久里浜線

泉岳寺―三崎口間

京浜急行本線は泉岳寺―浦賀間57・2㎞で、京急蒲田駅で空港線、金沢八景駅で逗子線、堀ノ内駅で久里浜線に接続している。空港線は京急蒲田―羽田空港第1・第2ターミナル（とくに断りがないときは以下羽田空港とする）間6・5㎞、逗子線は金沢八景―逗子・葉山間5・9㎞、久里浜線は堀ノ内―三崎口間13・4㎞である。

これら4線は直通電車が頻繁に運転されているだけでなく、都営浅草線、さらには京成線、そして北総線並びに成田スカイアクセス線とも直通運転をしている。このうちの本線と久里浜線を合わせた泉岳寺―久里浜間を本書で取り上げる。

他社線との直通は他社線内で列車種別が異なるが、京急線内だけ見ればエアポート快特、快特、特急、エアポート急行、普通、それに座席指定制のモーニング・ウイング号（朝上り）、イブニングウイング号（夕夜間下り）が走る。

首都圏の多くの路線では各駅に停車する電車を各停と称しているが、京急は直通している京成電鉄などとともに普通と称している。

エアポート快特は成田スカイアクセス線経由の羽田空港―成田空港間の運転である。昼間時では、快特が青砥―羽田空港間と泉岳寺―三崎口間、特急が京成高砂―三崎口間、エアポート急行が羽田空港―逗子・葉山間の運転である。

これらの電車は待避追越を行いつつ緩急接続を頻繁に行っており、特に直通接続駅では効率がよく乗り換えがしやすい配線になっている。

注1　緩急接続　急行や特急などの優等列車が普通列車などを停車して追い越すと急行から普通へ、普通から急行に乗り換えができた。このことを緩急接続という。緩とは緩行、急とは急行の略。緩急接続の反語として緩急分離があり、待避する普通を急行は通過して追い越すことであり、メリットとしては普通と急行の間隔を短くできる。しかし、互いの列車に乗り換えはできない。

注2　シーサスポイント　日本語では交差両亘《わたり》線。通常の左側通行をする電車が右側に転線するのを対向亘線、逆走して左側に転線するのを背向亘線という。これを一つにまとめたものをシーサスクロッシングポイントという。本書では短く分かりやすくするためにシーサスポイントと略し、同様に対抗亘線は順渡り線、背向亘線は逆渡り線と称することにする。

また、主要駅は異常時に折り返しができるよう上下渡り線などが設置されている。横浜駅でさえ品川寄りに渡り線がある。事故などで途中の線路が通れなくなっても、他社線の多くが全線ストップさせるが、京浜急行はすぐに途中の駅で折り返し運転を行って、走らせる区間は走らせて、利便性が失われないようにしている。

そのために折返電車は前後部の運転席に運転士を待機させて引上線に入ってもすぐに進行方向を変えることができる。これを2丁ハンドルと言い、これを常に採用しているのは京浜急行と関西の阪神電鉄くらいしかない。

三崎口に向かい左側を海側、右側を山側とする。海側（下り線側）から1番線と付番している。

泉岳寺

泉岳寺駅は島式ホーム2面4線に加えて押上寄りに引上線がある。京急からの上下電車はともに外側の線路で発着し、都営線西馬込からの電車は内側の線路で発着する。4線の発着線すべてから引上線に行き来できる。

右：押上寄りから見た泉岳寺駅。右は4番線に停車している当駅止まりの京急快特、押上寄りにある引上線に入って折り返して1番線に入線する。左は京成高砂行普通

右下：押上寄りから泉岳寺駅の三崎口方面を見る。駅の押上寄りにシーサスポイントがあり、右側の直線線路は見えないが手前奥の引上線につながっている

左下：泉岳寺駅の押上寄りを見る。まっすぐ進む線路が押上方面本線、右が引上線。両線路の間もシーリスポイントでつながっている。つまり引上線と上下本線とは2組のシーサスポイントで結ばれている

京急の昼間時の本線快特は泉岳寺駅で折り返している。本線快特は2扉転換クロスシートの2100系を使用するが、2100系は10本しかなく、平日昼間時にすべての本線快特に2100系で走らせるために平日昼間時の本線快特は泉岳寺—久里浜間に縮小した。従来押上以遠まで直通する快特とで10分ごとに運転していたのを押上以遠直通は特急に変更、本線快特は20分毎の運転にするようになった。そして久里浜駅で三崎口発着の特急と接続している。

2100系は都営浅草線に直通できるように造られているが、東京都交通局は2扉転換クロスシートのため直通を拒否した。このために泉岳寺駅折返になっている。

引上線は京急快特専用ではなく、都営浅草線の西馬込—泉岳寺間の区間電車も入線して折り返している。

品川

品川駅は下り線が片面ホーム、上り線が島式ホームだが、島式ホームの外側の3番線はホー

右：品川駅から泉岳寺方向を見る。中央の２線が引上線。両外側が上下本線
右下：三崎口寄りから見た品川駅。左端が３番線で上下本線との交差部はダブルスリップスイッチになっている
左下：引上線の終端当たりの乗務員用ホームには「新品川」の駅名が置かれている

ム端で行き止まりになっていて、普通電車の折返用である。

泉岳寺寄りには2線の引上線がある。ホームの泉岳寺寄り端部から泉岳寺駅に向かって左カーブする。その先で下り本線は直線になるが、上り本線はさらに左に曲がってから直線になって引上線が分岐する。引上線の端部に乗務員用ホームがあり、そこには新品川と書かれた駅名標まがいの看板がある。

1番線と2番線は三崎口に向かって左に曲がっていく。三崎口寄りにシーサスポイントがあって上り駅寄りのポイントはダブルスリップスイッチになっていてここで3番線の線路が分岐している。

さらに左に曲がってから直線になって八ツ山橋跨線橋でJRの各線を乗り越し、今度は右カーブして北品川駅となる。大正13年（1924）4月まで京浜急行の起点の品川駅はこの北品川駅付近にあった。

大正11年に八ツ山橋道路橋を東京市電（現都電）が通れるように併用軌道の新しい八ツ山橋

右：品川駅から三崎口寄りを見る。左側の３番線から本線交差するダブルスリップスイッチの構造がわかる。左側に八ツ山橋跨線橋か見える

右下：泉岳寺寄りから見た北品川駅。右側の横取線がかつての東京市電折返用発着線

左下：泉岳寺寄りから見た品川駅。上下本線の線路は泉岳寺寄りの駅構内に入ったところまで右カーブしているが、入ってからは左に曲がるＳ字カーブになっている

を設置して東京市電が品川京浜電車前電停を設置した。

そして大正13年4月に東京市電に乗り入れて、東京市電の品川駅前とは別に国道1号を挟んだ西側に高輪ターミナルを設置した。現在のウイング高輪ウエストがあるところである。東京市電は1系統を除いて品川駅前で折り返し、1系統（浅草―北品川間）だけが北品川駅に乗り入れた。

昭和28年になって国鉄線を跨ぐ八ツ山橋跨線線路橋が造られ、八ツ山橋を含めた前後の併用軌道区間を解消するとともに、京急が国鉄駅に隣接して今の品川駅に乗り入れるようになった。このとき軌間を東京都電と同じ１３７２㎜から開業時の１４３５㎜標準軌に改軌した。

北品川駅は相対式ホームだが、上りホームの裏側に横取線がある。これが東京市電１系統の電車の折返線の跡である。

次の新馬場駅の手前から高架になっている。その高架に続いて新馬場―泉岳寺間の高架、地平、地下による連続立体交差事業を令和2年（２０２０）4月から行っている。

北品川駅は新馬場駅よりやや高い高架にし、その先は各ＪＲ線を乗り越しながら地上に降り、現在の駅の用地と旧国鉄品川電車区のヤードの一部も利用して地上に島式ホーム2面4線の京急品川駅を設置する。

これによってＪＲ各線の同じ平面になるために、今まで面倒だった下りホームからＪＲ各線の乗り換えはスムーズになる。

京急品川駅の泉岳寺寄りには今と同様に上下本線の間に引上線が2線設置され、上下本線は地下に潜って泉岳寺駅に達する。完工は令和9年（２０２７）度中を予定している。

注3　横取線　保守用車両を留置する線路。本線とのポイントは乗り心地が良くなるようにクロッシング部の本線側レールに空隙をなくしている。そのために夜間の営業時間外で保守車両が通るとき、本線側のレールの上を保守用レールを覆いかぶせる。このことから保守用車両が本線レールの上を乗り上がって進むために乗り上げポイントという。

鮫洲

鮫洲駅は東海道新幹線三島駅と同様な外側に通過線、内側に停車線がある島式ホーム1面4線の追越駅である。

泉岳寺寄りから見て駅の手前では右カーブ、駅の先は左カーブしているので停車線の分岐は上下線でずれている。ホームの長さは6両分あるものの、停車線の分岐がずれているため下り線では泉岳寺寄り、上り線では三崎口寄りにずれて停車する。ずれた停車線の反対側は壁で囲っている。

高架化前の昭和41年6月からは東海道新幹線などの標準中間駅の相対式ホーム2面4線の通過追越の配線をしていた。高架化は平成元年（1989）6月に上り線、2年12月に下り線が完成した。

平和島

平和島駅は標準の追い越しタイプの島式ホーム2面4線である。駅全体は曲線半径700mで三崎口駅に向かって右に曲がっている。この

右：三崎口寄りから見た鮫洲駅
右下：下り本線から見た鮫洲駅の三崎口寄り。下りホームの端部は壁が設置されている
左下：泉岳寺寄りから見た鮫洲駅。泉岳寺寄りの上りホーム側の端部も壁が設置されている

ため上り待避線の品川寄りの大半は直線になっている。また、副本線への分岐は上下線ともシンメトリーでポイントが置かれている。

平和島駅は特急と急行が停車するので、普通が待避するときは緩急接続を行う。

高架化は昭和45年1月に上り線、12月に下り線が完成している。当初は相対式ホーム2面2線だったのを、まだ学校裏の駅名のときの25年2月に島式ホーム2面4線化され、駅の東側の海岸が埋め立てられて、その埋立地の地名を平和島にしたため、学校裏駅も36年9月に平和島に改称している。

京急蒲田

京急蒲田駅は空港線が分岐接続している。下り線が上の2重高架になっている。上下線とも途中まで島式ホームになっていて空港線が分岐している。3階の下り空港線発着線が1番線、まっすぐ進む本線が3番線になっている。2階の上り線では空港線が4番線、本

泉岳寺寄りから見た平和島駅。右側の上り待避線（副本線）のホームに面したところは直線になっている

注4　本線、副本線　配線上で言うところの本線とは営業列車が走る主要な線路のことを言う。副本線はサブ的な線路だが、これも本線の一つである。本線との反語は側線と言い、側線には旅客（貨物も）を乗せた列車は走ることができない。旅客を乗せていない回送列車や留置車両、機関車、事業用貨車などが通るか停まる。

線が6番線である。

1、3番線は分岐した先で本線に合流するが、その手前で本線側のホームを切り欠いた待避線（3階下り待避線が2番線、2階上り待避線が5番線）が置かれ、ホームの先で空港線からの線路と合流、その先で本線と合流する。5番線の品川寄りには冒進防止のための安全側線が置かれている。

蒲田駅の3階で品川方面からの羽田空港行は1番線で発車、左カーブして本線と分かれる。そして2階に降りて、2階4番線からの空港線線路が左側で並行したところにシーサスポイントが置かれている。その先は左側通行になっているので羽田空港行はシーサスポイントで転線する。羽田空港発品川方面行もシーサスポイントで転線して2階の4番線に入る。両列車は交差支障を起こすことになる。

反対に逗子・葉山発羽田空港行は2階4番線でスイッチバックしシーサスポイントで転線せずに羽田空港駅に向かう。羽田空港発逗子葉山行もシーサスポイントで転線せずに3階1番線

左：京急蒲田駅の2重高架は泉岳寺寄りの梅屋敷駅からすでに下り線が高くなっていく
右下：泉岳寺寄りから見た上段の京急蒲田駅の下り線。左が空港線への副本線、右が下り本線
左下：三崎口寄りにある切り欠きホームに面した下り待避線（2番副本線）

三崎口寄りから見た2階の上り本線。3階の下り線と同様に本線から待避線（中央）、空港線（右）の順に分岐していく。逗子・葉山発のエアポート急行8両編成は空港線ホームの手前で一旦停止することが多く、その場合、写真の副本線の少し先が8両編成の最後部になるので、本線上り快特などの進入を妨げない。

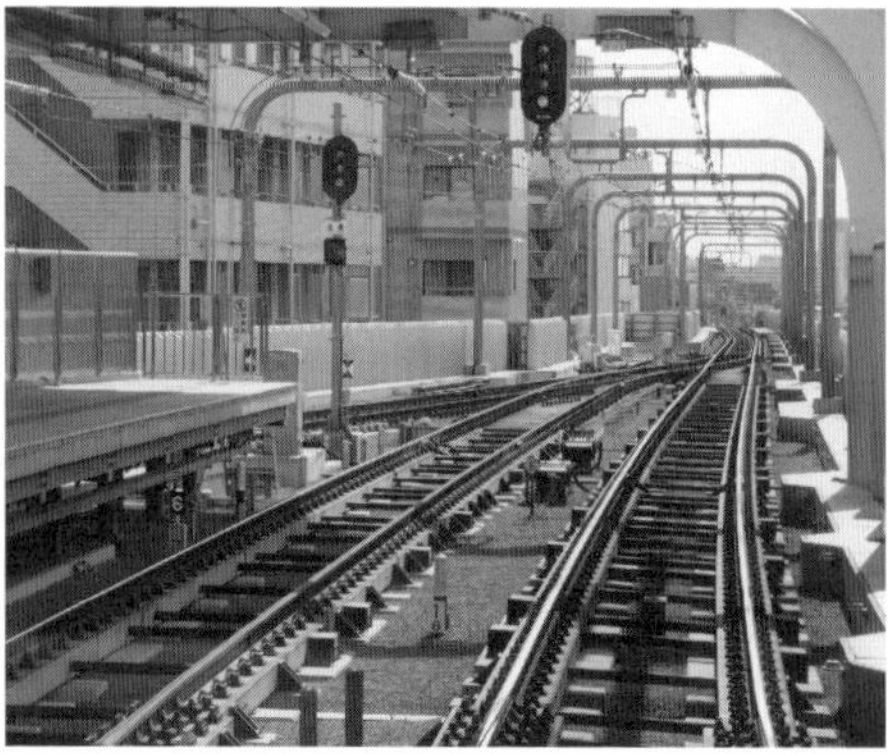

蒲田駅下り線の三崎口寄りを見る。空港線と待避線が合流してから下り本線に合流する。合流後、下り本線は海側にシフトしてから2階に降りていく

中央の副本線の終端には本線冒進を防ぐ安全側線が置かれている

雑色寄りから見た蒲田駅。左の上り本線は直線で進むが、右の下り本線は3階に登った先で上り本線の直上（山側）にシフトする。

注5　冒進　ブレーキ操作を誤って、停止すべき位置を通り越して進むこと

注6　安全側線　冒進してしまっても、他の列車が走る線路に進入できないように全く異なる方向へ進行させる短い線路のこと

逗子・葉山発羽田空港行エアポート急行の最後部から見た４番線空港線発着線

エアポート急行の先頭から見た空港線の分岐合流線路。羽田空港発印西牧の原行快特が停車しているので、第２場内信号機のギリギリ手前で信号待ちをしている逗子・葉山発羽田空港行エアポート急行

空港線羽田空港寄りから見た京急蒲田駅。登っていく左の線路が４番線、水平に進む右の線路が１番線。
４番線で発着する品川発羽田空港行下り電車と１番線で発着する羽田空港発品川行上り電車はシーサスポイント上で交差支障を起こす。
反面、４番線で発着する羽田発逗子・葉山行エアポート急行と１番線で発着する逗子・葉山発羽田空港行エアポート急行とは交差渡り線を通らないので交差支障を起こさない

逗子・葉山発羽田空港行エアポート急行の最後部から見た４番線空港線発着線

に停車してスイッチバックして逗子・葉山駅に向かうので、こちらは交差支障を起こさない。

逗子・葉山発羽田空港行が2階の4番線に入る前に羽田空港発品川方面行が停車している。そのため停止限界ギリギリのところで停車して最後部電車が本線を塞がないようにして、品川方面行が発車していくのを待つ。品川方面行が発車して警戒信号が点灯すると間髪入れず4番線に入線してスイッチバックする。京浜急行ならではの離れ業の運転方法をとっている。

京急川崎

京急川崎駅は本線と大師線が接続している。本線ホームは島式ホーム2面4線だが、通常タイプの追い越しにはなっていない。品川寄りに8両編成分の引上線があるが、6両編成の停止位置の手前、4両編成の停止位置の先に下り本線との間に渡り線がある。以前には4両編成の羽田空港発の電車が引上線に入って、後続の快特をやり過ごして、この快特の後部に連結して12両編成になり、金沢文庫駅まで走って同駅で

右：泉岳寺寄りから見た川崎駅。多摩川を渡る六郷川橋梁上に逆渡り線があってから大師線連絡線が分岐し引上線があってその先に本線ホームがある。逆渡り線の上り線側に入換信号機があり、上り本線上に引き上げて逆渡り線を通って下り本線に転線できる
右下：大師線の連絡線が左に分岐して地上にある大師線に接続する
左下：引上線の終端近くに下り線からの順渡り線が接続している。渡り線は引上線の４両編成と６両編成の停止位置標の間あたりで接続している

分割し、浦賀駅まで運転されていたことがあった。

品川寄りの六郷川橋梁には逆渡り線があり、川崎駅折返の上り電車が六郷川橋梁の本線状まで引き上げてこの渡り線で転線できるようになっている。もっとも大師線との連絡線が下り線から分かれており、大師線電車が品川方面に行けるための渡り線でもある。しかし、大師線が4両編成と短く直通電車の運転は現在していない。また、品川方面には車庫がないから車庫への大師線の回送電車も走らない。

本線が内側、待避する副本線が外側になっているのは通常の2面4線の追越駅と同じだが、引上線がまっすぐに下り本線につながっており、品川方面の電車が上り本線に進入するには渡り線で転線する。下り本線からまっすぐ行く線路が副本線の4番線でホームにかかると船形状に膨らみ、下り本線は転線した先では少しの間まっすぐ進んでから左にカーブしてホームがなくなった先で副本線と両開きポイントで合流する。

その先、やや離れた位置で上下線間に逆渡り線があって、上り本線、下り本線が三崎口方面

左：下り本線の泉岳寺寄りから見る。待避線のほうが直線で本線のほうは引上線との順渡り線で転線する配線になっている

右下：上り本線から泉岳寺方向を見る。上り本線は転線する配線で川崎駅の２番本線に進入している

左下：上り本線の泉岳寺寄りから見る。上り本線と副本線とのポイントの手前に入換信号機があり、上り本線に引き上げて両線間を行き来して入換できるようになっている要求装置が置かれている

に折り返せるように三崎口寄りにも出発信号機がある。下り本線、副本線も品川方面に折り返しができるように品川寄りにも出発信号機が設置されている。

上り本線は三崎口方面からまっすぐ進むと下り本線に当たってしまうので、手前で左（山側）に振ってから副本線が分岐する。このため上りホームは下りホームより品川方面にずれている。品川寄りでは通常タイプの追越駅と同様に副本線がまっすぐ進む本線に合流する。その手前で引上線への渡り線が設置されている。

泉岳寺寄りから見た鶴見駅

泉岳寺寄りから見た生麦駅

川崎駅は通常の３扉車だけでなく２扉クロスシートの2100系にも対応できる広幅のホームドアが設置されている

京急鶴見・生麦

京急鶴見駅は下り線は片面ホームだけ、上り線は島式ホームになっていて追い越しができる。上下渡り線はなく、上下線とも折り返しはできない。駅全体は三崎口駅に向かって曲線半径1000mで左にカーブしている。

鶴見駅が上り線だけ追い越し設備があるので、下りの待避設備を生麦駅に設置した。鶴見駅と同様に下り本線が片面ホーム、上り本線は島式ホームだが、その外側を通り、内側は下り待避線になっていて、下り本線が分岐をして副本線に待避電車は進入する。待避しない普通は下り本線に進入して停車していたが、現在はすべての普通が待避線の2番線に停車する。このために1番線に面した片面ホームは閉鎖されている。島式ホームの内側の下り待避線に安全側線があるために、島式ホームは品川寄りにずれている。鶴見駅と同様に上下線間に渡り線はなく折り返し運転はできない。

左：三崎口寄りから見た生麦駅。左の島式ホームと右の片面ホームとはずれているとともに、片面ホームは使用停止している。中央の下り待避線には安全側線が設置されている
右下：泉岳寺寄りから見た子安駅
左下：三崎口寄りから見た子安駅

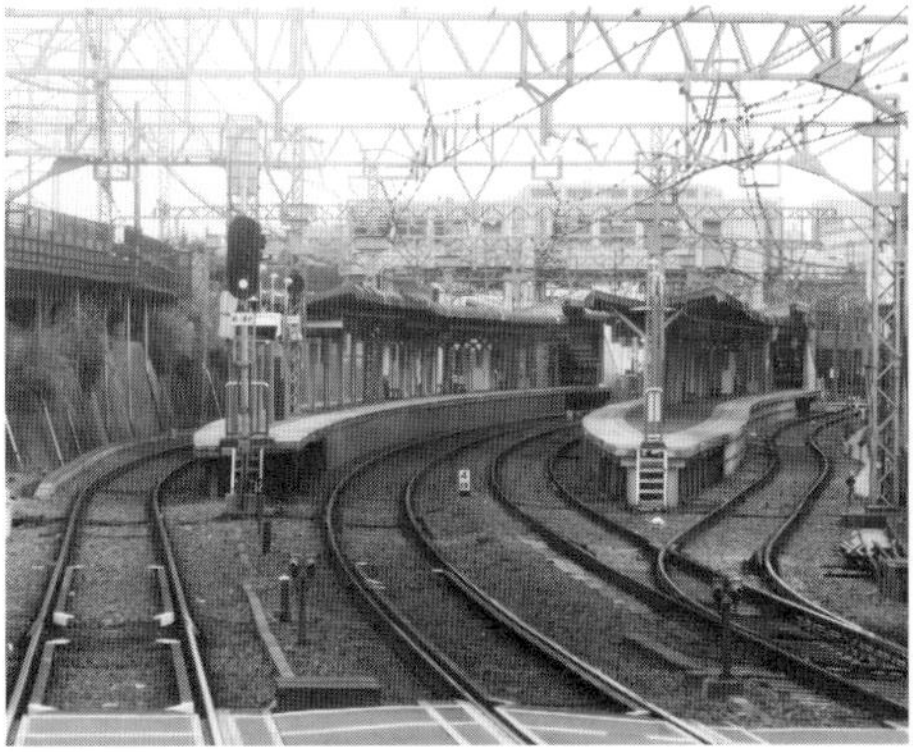

子安・神奈川新町

子安駅は島式ホーム2面4線で三崎口駅に向かって左に大きくカーブしている。下り線は待避線の副本線が本線に合流しているが、上り線は神奈川新町―子安間で緩行線と急行線に分けた複線になっている。

下り1線、上り2線で進むが、ホームの先で新町検車区の引上線1線が上り線の山側で並行し、その先の踏切を渡ると洗浄線の引上線が山側にさらに加わる。上り緩行線はもともと、もう1線あった引上線を上り待避線まで伸ばして上り緩行線にしたものである。

また海側にも5線の新町検車区の留置線が並行する。本線は三崎口に向かって左カーブしているので5線の留置線は梯子形配線で1線になって、神奈川新町駅の下り待避線（副本線）につながっている。

泉岳寺寄りから見た神奈川新町駅。右の上り本線側にあるシーサスポイントの一部にシングルスリップスイッチが付属している

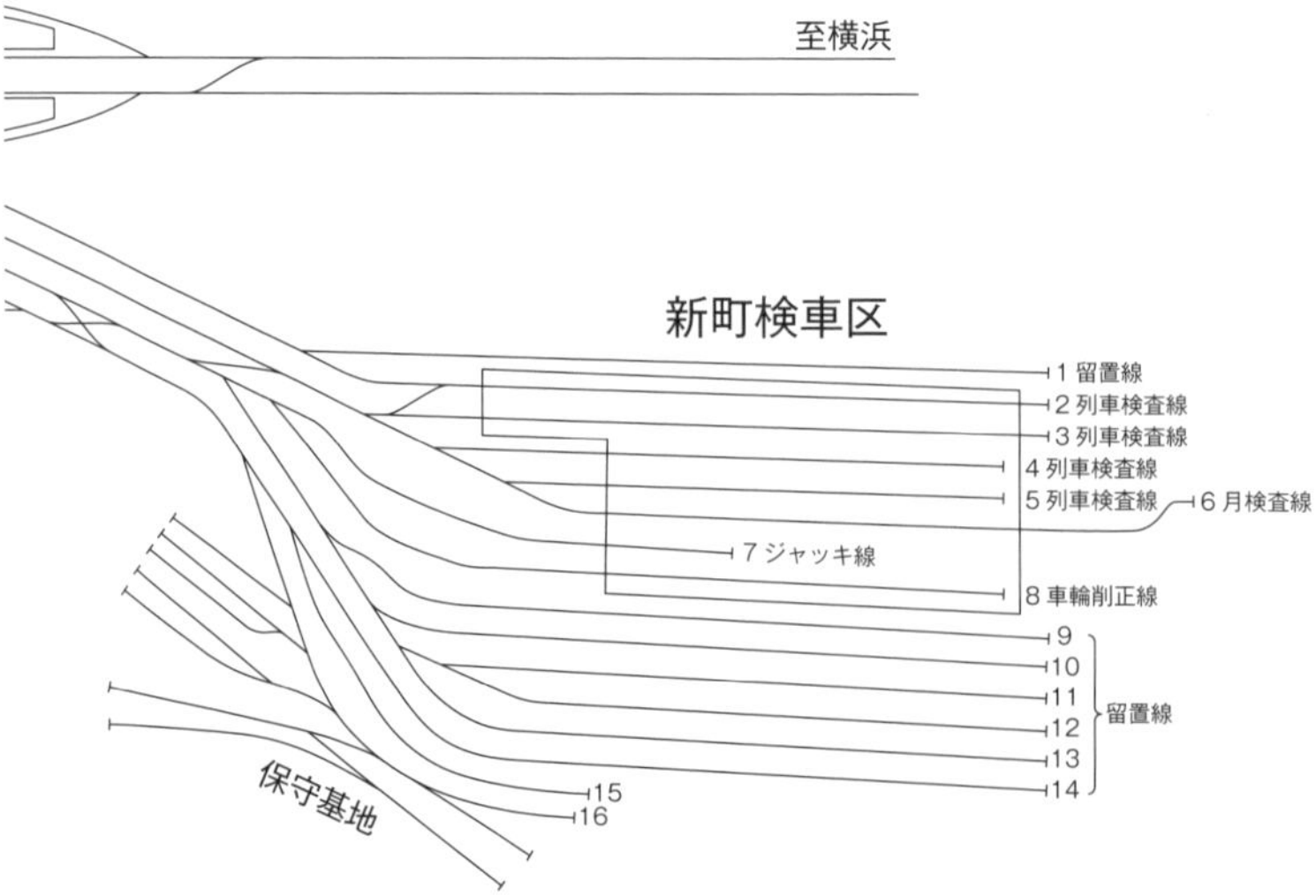

三崎口寄りから見た新町検車区。左端にJR東神奈川電留線が隣接している

神奈川新町駅の上りホームは泉岳寺寄りに延びている。ホームに面していない左側の線路は新町検車区への5番通路線、その隣に洗浄機がある6番線、洗浄線の6Y線が並んでいる

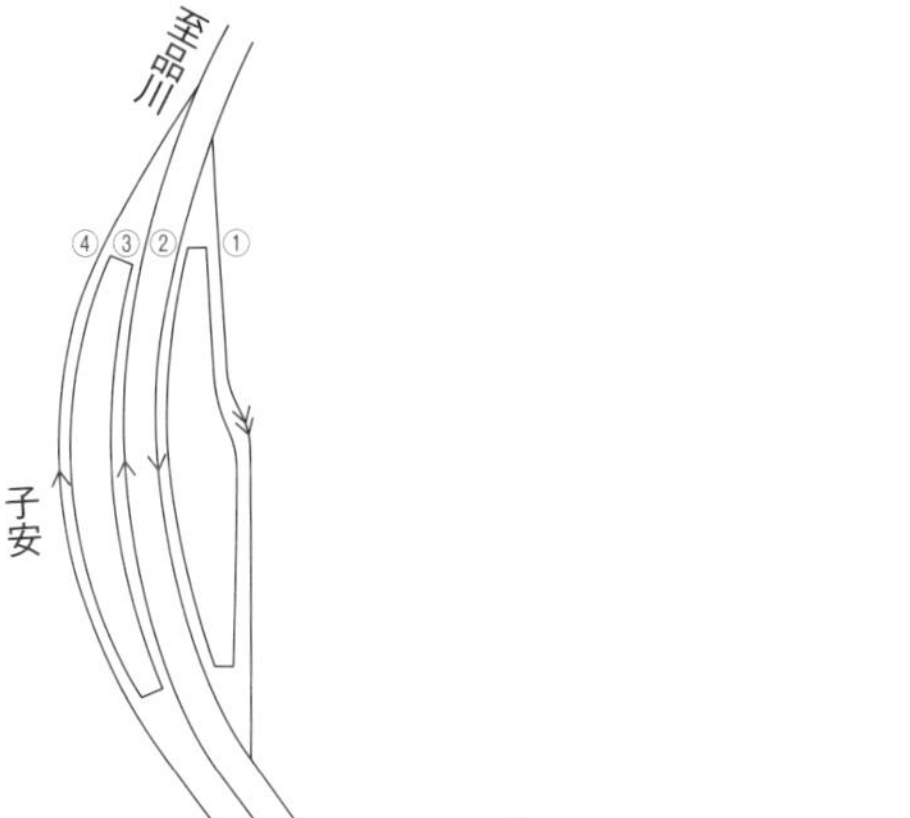
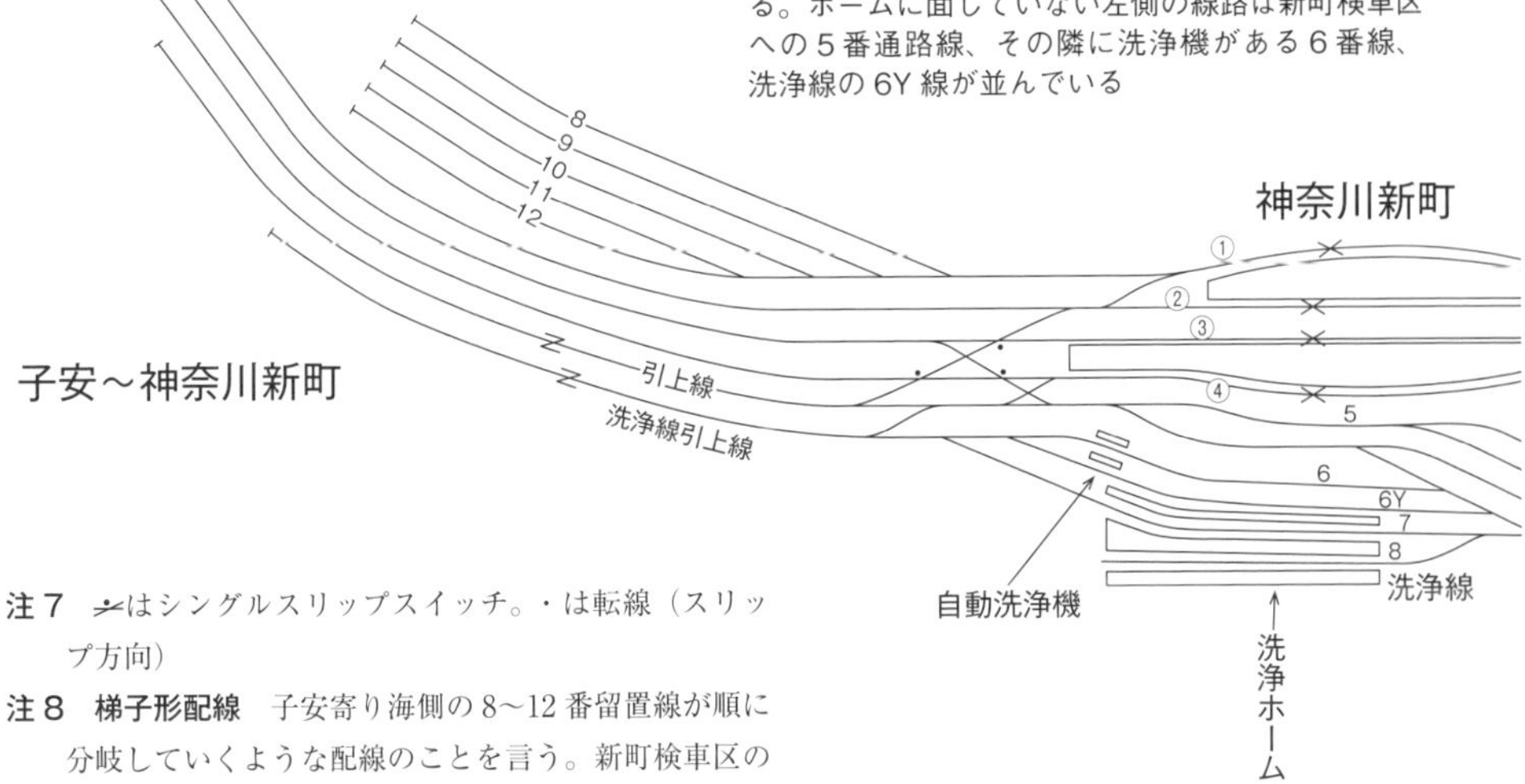

注7　✕はシングルスリップスイッチ。・は転線（スリップ方向）

注8　梯子形配線　子安寄り海側の8～12番留置線が順に分岐していくような配線のことを言う。新町検車区の9～16番線のうち11、12番線は他が梯子形なのに対して分岐してから、また分岐している。これを枝分かれ形配線という。

神奈川新町駅は島式ホーム2面4線で下りホームは8両分、上りホームは12両分の長さがある。上下ホームとも三崎口寄りは同じ位置にホームの端があり、上りホームだけ品川寄りに伸びている。そのため上りホームがなくなった先で急行線と緩行線は広がったままで直線になって3組のシングルスリップスイッチ付きのシーサスポイントになっている。

駅の山側には2線（5、6番線）の通路線があり、うち6番線は自動洗浄機がある。次に6Y線、洗浄ホームに面している7、8番線がある。通路線は4線に分かれて新町検車区に入る。新町検車区は1、9～14番線が留置線、2～8番線が検査庫内に入っている。

神奈川新町駅の三崎口寄りの上下線間に逆渡り線があって異常時に上り電車の折り返しができる。下り線でも品川方面に折り返しができるようになってはいるが、急行線には入れず、緩行線に入るような配線になっている。

横浜

右：泉岳寺寄りから見た新町駅。左の下りホームは8両編成ぶん、右の上りホームは12両編成ぶんの長さがある。奥の三崎口寄りの上下線間に逆渡り線がある

右下：横浜駅の神奈川寄りにある上下逆渡り線。上り線側に入換信号機があって上り本線上に引き上げて三崎口方面に折り返しができる。三崎口方面から横浜駅まで運転できれば、ＪＲ線に乗り換えて東京方面になんとかたどりつけることができる

左下：京急横浜駅では下り線側（右）に片面ホームを設置して、上下ホームを分離して混雑を緩和している

横浜駅はもともと島式ホーム1面2線だったが、海側に片面ホームを設置して上下ホームを分離した。横浜駅と離れた、むしろ神奈川駅に近いところに逆渡り線が設置されている。ここで異常時には上り電車が本線上で折り返しができるようにしている。

南太田

南太田駅は通過線と停車線がある相対式ホーム2面4線になっている。下り停車線の三崎口寄り、上り停車線の品川寄りに安全側線がある。ホームの長さは6両編成ぶんになっているが、8両編成の回送電車が待避できるように停車線の待避有効長は8両編成ぶんある。上下渡り線がないために折り返し運転は上下電車ともできない。

上大岡

上大岡駅は島式ホーム2面4線で、品川寄り内方に逆渡り線があって、異常時に上り電車は本線（2番線）で品川方面への折り返しができ、3、4番線からの下り電車は品川寄りの本線上に引き上げて三崎口方面に折り返しができる。下り

泉岳寺寄りから見た南太田駅

泉岳寺寄りから見た上大岡駅

泉岳寺方面をみる。内方に逆渡り線があって下り２番線から泉岳寺方面に、また上り線では上り本線に引き上げて三崎口方面に折り返しができる

三崎口寄りから見た上大岡駅

副本線の1番線は三崎口寄りに、上り副本線の4番線は品川寄りに安全側線が置かれている。

京急富岡

京急富岡駅は上り線だけ待避線がある島式ホームと片面ホーム各1面の3線になっている。朝ラッシュ時に金沢文庫では快特などが8両編成から12両編成に増結したりして緩急接続をせず、普通は待避しないで発車していく。その代わりに京急富岡駅で普通は優等列

注7　内方　島式ホーム2面4線の駅において副本線（待避線）と本線が分岐合流した内側のホームとの間のこと、これに対して分岐合流する手前のことを外方という。

泉岳寺寄りから見た富岡駅

三崎口寄りから見た金沢文庫駅

車を待避する。このため普通の優等列車の待避は朝ラッシュ時だけである。

金沢文庫

金沢文庫駅は車庫（金沢検車区）が併設されているとともに金沢八景駅まで複々線になっている。朝ラッシュ時には快特などが8両編成4両を増結して12両編成にする連結作業が行われる。このため第3場内信号機と誘導信号機を上りホームの3番線の途中に建植されている。併合時間は2分30秒以内に行われている。

4両の併結列車は金沢検車区からだけでなく、上り線の外側の三崎口寄りに2線の引上線、品川寄りに4線の留置線が置かれて、本線下り線を横断せずに3番線に入線できるようにしている。

夕ラッシュ時以降では12両編成のうちの4両を分割する。こちらは金沢検車区に入線していく。

金沢検車区は6線の検修線と3線の洗浄線、8線の留置線のほかに3線の引上留置線、1線の通路線などがある。

金沢検車区と並行して複々線で進むが、上り

右：泉岳寺寄りから見た金沢文庫駅
右下：金沢文庫駅から三崎口寄りを見る
左下：逗子発4両編成の普通から見た金沢文庫駅の3番線。前方で停車中の2100系クロスシート車による特快泉岳寺行8両編成に逗子発普通を連結して12両編成で泉岳寺駅に向かう。途中品川駅で連結した後ろ4両を切り離す。このような逗子発普通の連結は現在行っていない

線の外側に側線が並行するようになる。保守用の砕石運搬貨車などが留置され、西側の車両メーカーの総合車両製作所からの専用線と合流する。この専用線は標準軌・狭軌併用の3線軌になっていて、山側（西側）のレールが共用になっている。3線軌になった側線は上り緩行線と合流する。

金沢八景

側線が合流する地点で、上下線とも緩行線から急行線への渡り線があり、その先にシーサスポイント、そして急行線から緩行線への渡り線がある先に金沢八景駅がある。島式ホーム2面4線で逗子線との分岐駅である。逗子線の複線は緩急分離になっている上り本線とつながっている。緩行線の下り1番線は逗子線に入れず、急行線の2番線が内方渡り線で上り本線に少し入ってから逗子線の下り線に接続する。その間の本線上り線と逗子線下り線との間にシーサスポイントが置かれている。逗子線の上り線は本線の緩行線につながっているだけで本線の急行線には入れない。

逗子線逗子・葉山行直通電車は金沢八景駅の急行線から逗子線の下り線に転線する。逗子線からの品川方面の電車は4番線で発着してから緩行線で金沢文庫駅まで進む。逗子・葉山発のエアポート急行は金沢文庫駅の手前のシーサスポイントで急行線に転線して同駅の3番線に入線する。

また、金沢八景駅で逗子線電車が折り返しができるように上り4番線の逗子・葉山寄りに出発信号機が置かれている。

標準軌・狭軌併用の3線軌は金沢八景駅の4番線に敷かれている。ホームは海側にあって標準軌・狭軌共用のレールが山側にあるため総合製作所で造られた狭軌車両の車体がホー

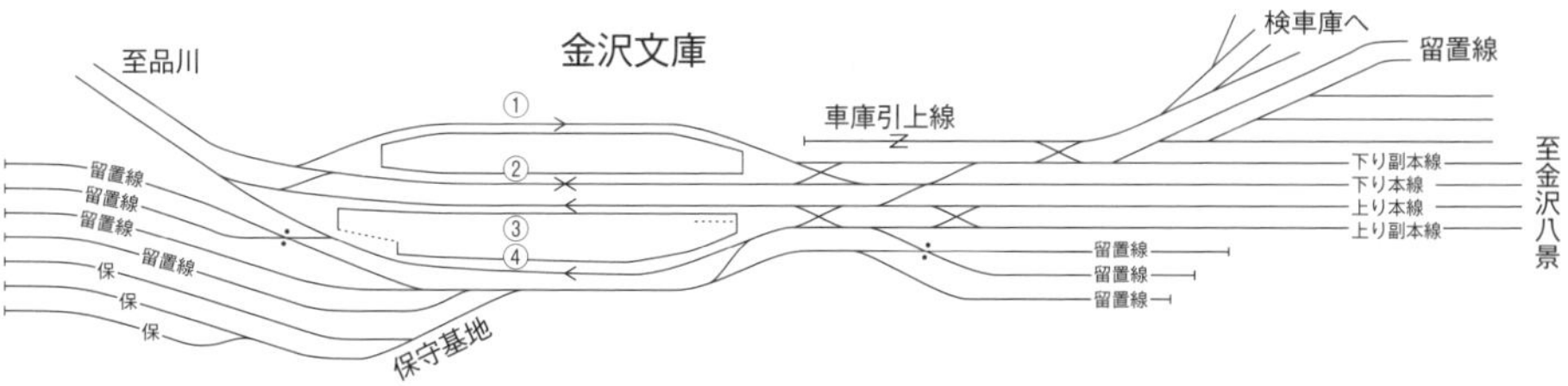

ムに当たることはない。

ところが逗子線の六浦駅は相対式ホームのために狭軌車両が通るとホームに当たってしまう。以前はホームに当たらないようにホームを後退させていた。このため逗子線電車とホームの間に空間できていた。それを解消するために同駅の前後に振り分け分岐器を置いて、六浦駅では海側を標準軌・狭軌併用のレールにして空間がほとんどできないようにした。

3線軌は神武寺駅手前まであり、ここで狭軌線が分岐して神武寺駅の山側で複線になる。その先で分かれて横須賀線逗子駅の側線につながっている。

逸見

逸見駅は駅の前後に半径520mの三崎口に向かって左カーブ上にあって時速60㎞の制限を受けている。通過線と停車線がある相対式ホーム2面4線で駅の品川寄りは18番、三崎口寄りは19番のトンネルに挟まれている。短い18番トンネルの品川寄りに順渡り線がある。上り停車

右：泉岳寺寄りから見た金沢文庫駅
右下：下り電車から三崎口寄りを見る。左端の1番線からは逗子線に入線できない。2番線からの渡り線で上り本線に入り、その奥の上り本線と逗子線下り線との間にはシーサスポイントがある。シーサスポイントの逗子線側の下り線は上り線と合流して金沢八景駅の4番線につながっている。このため4番線の逗子・葉山寄りにも出発信号機がある
左下：金沢文庫駅の4番線から泉岳寺寄りを見る。4番線は標準軌・狭軌の3線軌になっており、側線を介して総合車両所構内線につながっている

線の品川寄りに出発信号機があって、異常時に品川方面からの電車の折返ができる。

堀ノ内

堀ノ内駅は久里浜線との分岐駅である。島式ホーム2面4線で1番線が下り浦賀行、2

泉岳寺寄りから見た逸見駅。左の上り線の泉岳寺寄りにも出発信号機がある

逸見駅の泉岳寺寄りにある17番トンネル（奥）と18番トンネル（見えないが手前にある）の間に逆渡り線がある

番線が下り浦賀行と三崎口方面行の両方向に発車できる。3番線が下り浦賀駅から品川方面、4番線が三崎口方面から品川方面行になっている。

異常時に備えて1、2番線は品川方面に折り返しができるように品川寄りに逆渡り線が置かれている。

2番線から三崎口方面への線路は本線浦賀発の上り線と平面交差しているので交差部にシングルスリップスイッチを設置して3番線が三崎口方面へ折返ができるようにしているとともに、4番線も三崎口方面に折り返しができるように三崎口寄りに逆渡り線が置かれている。久里浜線が右にカーブしているために、逆渡り線は長くてカーブしているとともに、下り本線との接続ポイントの手前に入換信号機を設置して品川方面からの電車が三崎口寄りの久里浜線下り本線に引き上げて折り返しができるようにしている。

久里浜工場信号所

久里浜工場信号所は海側下り線側で京急ファ

右：泉岳寺寄りから見た堀ノ内駅。外方に逆渡り線がある

右下：堀ノ内駅から浦賀・三崎口寄りを見る。左側が本線浦賀方、右にカーブしているのが久里浜線三崎口方、上り3番線の浦賀・久里浜寄りにシングルスリップスイッチがある

左下：浦賀寄りから見た堀ノ内駅。左側から久里浜線が合流してくる。1番線は泉岳寺方と浦賀方の両方向、2番線は久里浜方も加わって全方向、3、4番線は泉岳寺方と久里浜方の2方向に出発できる配線になっているが、浦賀方からは3番線だけ、久里浜方からは4番線だけしか入線できない

インテック久里浜事業所（旧久里浜工場）、山側上り線に検査と留置線がある車両管理区が置かれているので、それらの分岐合流用の信号所である。

まずは京急ファインテック側の引上線への渡り線が下り本線から分岐して引上線が並行、その先で上下線間に逆渡り線、次いで引上線との間にシーサスポイントがある。右側に車両管理区の引上線も並行し、上下線間に順渡り線、次いで車両管理区の引上線と上り本線の渡り線が置かれている。

京急ファインテック試運転線を除く他の線路がなくなった先に京浜電鉄時代のデ1形と

泉岳寺寄りから見た久里浜信号所端部

同、京急ファインテックス側を見る

デ51形の保存車両が置かれているのが見える。試運転線は行き止まりになっているが、右手の車両管理区からは三崎口方面との入出区線が合流する。

京急久里浜

京急久里浜駅は島式ホーム2面3線で中線は両側でホームに挟まれている。三崎口方面

同、左に京急ファインテックス、左側に京急車庫を見る

保存されているデ1形。手前は京急ファインテックスの試運転線

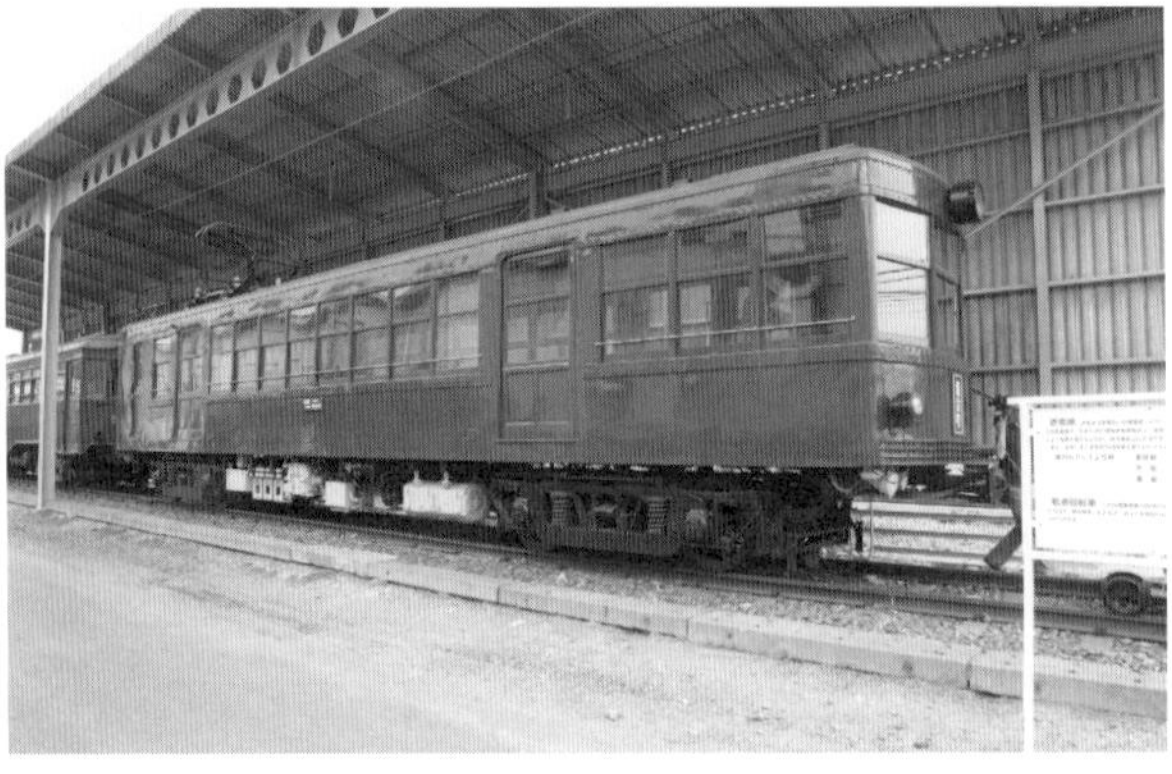

デ1形

が2番乗り場、品川方面が3番乗り場になっている。上下線が広がって、その間にY形配線で中線が分かれる。下り本線が1番乗り場、上り本線が4番乗り場である。

三崎口寄りもY形配線で上下線につながっているが、その先で下り線が上り線につながる形で単線になる。下り本線の先端は安全側線になっている。中線と上り本線は品川方面に発車できるが、下り本線は品川寄りに渡り線がなく折り返しはできない。上り本線の三崎口寄りに出発信号機があるので、上り本線を含むすべての線路が三崎口へ向けて発車できる。

なお、京浜急行の本線上の分岐器のほとんどは弾性ポイントを使用している。分岐器は一般的に、可動するトングレール部、リードレール部、ノーズ部に分けられている。これらの間に空隙ができて高速運転時に衝撃を受ける。弾性ポイントはトングレールとリードレールを一体化して空隙をなくして衝撃を防いでいる。ポイント転換はレールをたわませることから弾性ポイントという。

左：泉岳寺寄りから見た京急久里浜駅。右の３番線と中線の２番線が泉岳寺方面に出発できる

右下：久里浜駅から三崎口寄りを見る。全発着線が久里浜方面に出発ができるが、通常は２、３番ホームの両側がホーム挟まれた中線の２番線で同駅折り返し電車が停車し、下り１番線の三崎口方面と上り３番線の泉岳寺方面の電車と連絡するようにしている

左下：三崎口寄りから見る。同駅からは単線になる

相模鉄道本線

海老名―横浜間

相模鉄道は本線横浜―海老名間24・6kmといずみ野線二俣川―湘南台間21・8km、新横浜線新横浜―西谷間4・2km、それに厚木（貨物）線の相模国分信号所―厚木間2・2kmがある。本稿では本線を取り上げ、新横浜線は東急新横浜線とともに別項で取り上げる。

本線は西谷駅で新横浜線、二俣川駅でいずみ野線と接続して両線と直通運転をしている。このため西谷―二俣川間が過密運転区間になっている。相模国分信号所で厚木線が分かれるが、厚木駅は電車留置線として使用されているとともにJR相模線と接続している。

海老名駅に向かって左側を海側、右側を山側とし、線路番号は海側（下り側）から1番にしている。

横浜

右：海老名寄りから見た横浜駅。右から1番線で3番線まである。左の3番線と2番線（上り線）とはシングルスリップスイッチで交差して、さらに1番線（下り線）に接続している

右下：横浜駅から海老名方を見る。1、2番線の間にはシーサスポイントで接続し、その先で2、3番線がシングルスリップスイッチで交差している

左下：1～3番の各線は両側にホームがある櫛形ホーム4面3線になっている

横浜駅は頭端櫛形ホーム4面3線で、すべての発着線の両側にホームがあって乗降分離をしている。海側から1番線になっており、ホームの先で1、2番線の2線によってシーサスポイントがあり、その海老名寄りで3番線がシングルスリップスイッチで上り線と交差、下り線に合流している。

上り到着電車が3番線に入線するとき、1、2番線に停まっている、いずれかの電車が発車できる。到着電車が2番線に入線するときは1番線に停まっている電車は発車できるが、3番線の電車は到着電車が2番線に入りきるまで発車できない。1番線に到着するときは2、3番線の電車は発車できない。

逆に1番線の電車が発車するとき2、3番線のいずれかに上り電車が入線できる。2番線の電車が発車するとき3番線に上り電車は進入できるが、1番線には進入できない。3番線の電車が発車するときは1、2番線に電車は進入できない。

進入する電車のために出発できない、あるい

左：横浜寄りから西横浜駅を見る。まず上下線間に順渡り線があって、その先で留置線群につながる引上線への渡り線がある。本線に冒進するのを防止するために安全側線がある
右下：引上線の海老名寄りに逆渡り線があって海老名方面からの入出庫電車はまずは引上線に入ってから入出庫する。また、その先で保守用側線が合流している
左下：引上線のさらに海老名寄りでは、まずは保守用車両留置用の7番線への通路線が分岐してから、3線と2線による枝分かれ方式で分岐した5線の留置線がある

は出発電車が発車するとき到着電車が進入できないことを交差支障という。相鉄の横浜駅の交差支障率は50％と半々だが、この配線だからこそ50％を維持できる。

2、3番線が合流した線路の先で1番線との間でシーサスポイントを置いた場合、上り電車が3番線に進入するとき、2番線の電車は発車できず1番線だけが発車できる。2番線に到着するときも1番線だけ発車できる。1番線に到着するときは2、3番線から発車できない。

1番線の電車が発車するときは2、3番線から到着は可能だが、2番線から発車するときは1、3番線に到着できない。3番線から発車するときは1、2番線に到着できない。交差支障率は66・7％に上がってしまう。

相鉄横浜駅は交差支障率を50％に維持できる配線になっている。

横浜駅を出ると西横浜駅まで横須賀線も含む東海道本線と並行する。

西横浜

西横浜駅は島式ホーム1面2線だが、山側に留置線5線と保守用側線2線がある。横浜寄りの離れたところに上下線間の順渡り線、続いて引上線があり、横浜駅と入出庫できるように引上線と上り本線との間に渡り線もある。

海老名方面から引上線経由で留置線に入るために上り本線から引上線への渡り線が引上線の海老名寄りにあると同時に引上線に並行して保守用側線があって海老名方向からの渡り線の先で引上線に合流している。

その先で引上線からまずは保守用側線1線が分岐、そして3線と2線に分けた枝分かれ分岐方式で留置線が分岐している。留置線の線路番号は1番下り本線、2番上り本線の番号に続いて3番線から7番線までの5線がある。7番線は保守用側線と接続しており、ほとんど留置線として使用されていない。

西横浜駅の島式ホームは東海道本線と並行しているところが終端で、その先は右に大きくカーブする。留置線も本線と並行してカーブしている。留置線がなくなった先で上下本線間に逆渡り線がある。

星川

星川駅は島式ホーム2面4線の高架駅になっている。横浜寄りの手前の山側に2線、海側に1線の引上線があり、星川駅の待避線（副本線）につながっている。またシーサスポイントが横浜寄りと海老名寄りに1組ずつ置かれている。

西谷

西谷駅は新横浜線の接続駅で島式ホーム2面4線になっている。内側が本線で外側が新横浜線である。海老名寄りに引上線が2線置かれ、2線の引上線の間、上下線とも新横浜線と本線

左：横浜寄りから星川駅を見る。左右に留置線があり、上下線間の外方にはシーサスポイントがある。相鉄の発着線番号は下り線側から付番される。左側の下り待避線（副本線）が１番、右側の上り待避線が４番になっている。１番線は横浜方向にも出発信号機があってシーサスポイントを通って折り返しができる。また、上り本線から下り３、４番線にも転線できる

右下：駅中央付近から海老名方を見る。右の上り４番線には海老名方への出発信号機があって海老名寄りの外方にあるシーサスポイントを経て折り返しができる

左下：駅の横浜方を見る。右側の留置線の線路番号は上り待避線の４番に続いて５番になっている。左側は6、７番留置線になっている

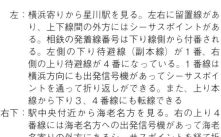

との間にそれぞれ1組、計3組のシーサスポイントが置かれている。

上下線とも本線と新横浜線との引上線が内側にあるために本線の海老名寄りでは上下線が広がっている。

新横浜線は本来、神奈川東部方面線として二俣川駅で分かれて新横浜駅に向かうことで国土交通省の運輸政策審議会で答申されたものだったが、建設費の軽減のために西谷駅分岐になった。そのためいずみ野線と接続する二俣川駅から西谷駅まで本来ならば複々線にするか、厚木街道や国道16号の地下を別線で線増する必要があるが、その建設費は膨大になる。そこで西谷駅の海老名寄りに引上線2線を設置して、横浜と新横浜の両方向に始終発の電車を設定できるような引上線の配線になっている。

鶴ヶ峰―二俣川間に保守用の横取線が山側に置かれている。

二俣川

二俣川駅ではいずみ野線が分岐合流している。

右：中央奥に2線の引上線、その駅寄りにシーサスポイントがある。そして上下線とも左右対称に各1組のシーサスポイントがある。内側が相鉄本線、外側が新横浜線があり、相鉄本線の電車はシーサスポイントの交差部を通って内側の2、3番線に入り、新横浜線の電車は直線側を通っての分岐、引上線と相鉄本線間とは直線側、新横浜線とは交差部を通る配線になっている
右下：横浜寄りから西谷駅を見る。内側は相鉄本線、外側は地下に入るために掘割になっている新横浜線である
下：横浜寄りの端部から新横浜線（左）と相鉄本線（右）の電車を見る。ホームはホームドアがあるので結構狭くなっている。左の12000系電車はJR線直通の新宿行。12000系は広幅車両なので建築限界を東京メトロなどに合わせた新横浜線に乗り入れることはできない

西谷駅で述べたように西谷駅まで複々線にするのが理想的だが、それができないために横浜寄りに引上線2線が設置されて同駅折り返しの海老名と湘南台の両方面への折返ができる配線になっている。

島式ホーム2面4線で、内外側の発着線とも本線といずみ野線の両方電車が通れる配線になっている。横浜寄りの2線の引上線は内側の発着線につながっていて、内側の発着線と外側の本線とは行き来できる渡り線が置かれている。そのため外側の発着線から引上線には行けない。

海老名・湘南台寄りは上下線ともシーサスポイントが設置され、その先は内側がいずみ野線、外側が本線になっている。いずみ野線は盛土で高くなって上り相鉄本線を二俣川トンネルで乗り越して南下していく。

瀬谷

瀬谷駅は島式ホーム2面4線の追越駅で、海老名寄りに非常用の逆渡り線がある。上り待避線の4番線の海老名寄りに出発信号機があって、

左：海老名寄りから見た二俣川駅。上下線と内側線と外側線の間にシーサスポイントがある。写真の手前では内側がいずみ野線、外側が相鉄本線になっている

右下：横浜寄りから見た二俣川駅。右側の上り線は内側線から外側線、左側の下り線は外側線から内側線への渡り線がある。シーサスポイントがあって手前左下に延びている内側の2線が引上線で駅の外側の1、4番線からは引上線に出入りできない

左下：横浜寄りから見た瀬谷駅

海老名方面に向けて折り返しができる。
もともとは上り線側にだけ待避線があって横浜寄りには順渡り線があった。これによってかつて走っていた上下の貨物列車が電車を待避していた。

大和

大和駅は地下にある島式ホーム1面2線に海老名寄りの上下線間にY形配線で分岐する引上線がある。引上線と下り線が一体になっていて上り線との間に柱が並んでいる。ホームは上り線側が直線、下り線側が膨らんでいる半月状になっていて地下1階にある。その上の地上階にコンコースがあって高架で直交している小田急江ノ島線と連絡している。

地下化前の地上ホーム時代も島式ホームで海老名寄りに引上線があり、上を跨いでいる小田急江ノ島線とは中間改札なしで行き来できていた。地下化されてからは地上コンコースに連絡改札口が置かれている。

右：瀬谷駅から海老名寄りを見る。海老名寄りに逆渡り線があって上り４番待避線から海老名方面への折り返しができる。この逆渡り線は上りだけ待避線があった２面３線の時代からあって横浜寄りには順渡り線があった。これによって下り貨物列車も上り待避線で待避していた
右下：海老名寄りから見た大和駅。左に海老名寄りＹ形引上線がある。上り本線のホームは直線、下り本線のホームが膨らんでいる半月形になっている
左下：Ｙ形引上線を横浜寄りから見る。左の下り本線と引上線が一体の複線で、柱を隔てて上り本線がある

相模大塚

相模大塚駅は島式ホーム1面2線だが、山側の横浜寄りに保守基地、海老名寄りに留置線群が置かれている。下り本線が1番線、上り本線が2番線、その隣に3、4番の着発線、5～11番の留置線が置かれ、海老名寄り山側に引上線がある。

留置線と着発線は枝分かれ分岐方式で3～5番、6・7番、8・9番、10・11番の4群に分かれている。海老名寄りの引上線からは旧機待線が分岐している。

元々は米軍厚木基地への専用線に乗り入れる米軍タンク貨物列車の貨物ヤードだった。米軍専用線は廃止されて留置線群に転用したものである。引上線の先の海側に貨物列車の引上線があって、ここからスイッチバックして米軍専用線が分かれていた。線路はなくなったが、路盤はそのまま残っており、東名高速道路との跨道橋も残っているが、跨道橋は歩道橋に転用せず、放置されたまま風化して危険なので立入禁止になっている。

左：横浜寄りから見た相模大塚駅。山側に留置線群がある

右下：海老名寄りから見た相模大塚駅の留置線群。ホーム寄りの２線には海老名方面に向けて出発信号機があって着発線になっている。着発線を含めた留置線群は枝分かれ方式で分岐している

下：着発線を含めた留置線群は１線にまとまって引上線につながり、上り本線との間にシーサスポイントがあって、さらに上下本線の間に逆渡り線がある。また引上線の山側には機留線と機待線が直列に置かれ、両線の間から引上線への渡り線がある。米軍専用線への引上線は上下逆渡り線の海老名寄り海側にあって、スイッチバックで米軍厚木基地に向かっていた

かしわ台

かしわ台駅は島式ホーム2面4線で車庫（かしわ台車両センター）が併設されている。海側の線路が下り本線の1番線、隣の2番線が下り副本線、3番線が上り本線、4番線が上り副本線で、1番線が直線でホームにかかり、他の3線が山側に膨らむよう形になっている。

元々は相対式ホームの大塚本町があった。車庫を設置するときに海老名寄りに移設してかしわ台の名称に変更した。下り線の大塚本町の元のホームの端に改札口があり、ホームは通路として使われてかしわ台駅の横浜寄り端部にある跨線橋につながっている。

すべての車庫線に海老名方面から入線するには、一度、かしわ台駅のホームに停車して折り返して海老名寄りにある2線の引上線に入ってから再び折り返すことになる。横浜方面から11番線以降の車庫線に入るときも引上線経由になる。

相模国分信号所

相模国分信号所は厚木線の分岐信号所である。

右：横浜寄りから見たかしわ台駅。左が旧大塚本町駅舎と下りホームで、奥でかしわ台駅の跨線橋につながっている

右下：左の旧大塚本町ホーム跡地を流用した通路から正面の跨線橋につながっている。島式ホーム２面４線だが、下り１番線が直線で、2～3番線は右に膨らんでいる。さらに上り４番線から車庫への入出庫線が分岐している

左下：海老名寄りから見たかしわ台駅。上下線とも２線の入出庫線の間にシーサスポイントがあって、入出庫線と1、２番線、あるいは3、４番線と振り分けている

上下本線との間に順渡り線があってその先で分岐する。本線に向いて安全側線が置かれている。以前は2線あって行き違いができたが、現在は単線になって、小田急海老名車両基地とJR相模線の海老名駅の間に挟まれて進む。その先は相模線と並行してJR厚木駅に並行して6線の留置線がある。

海老名

海老名駅は頭端島式ホーム1面2線で横浜寄りにシーサスポイント、頭端側に改札口があり、出て階段を昇ると小田急線のコンコースに行ける。さらに小田急海老名車庫を跨いだ向こうにJR相模線の海老名駅がある。

海老名駅は線路終端を横浜寄りに30m後退させたために、冒進防止余裕があまりなく、電車はゆっくり進入していく

海老名駅手前で厚木貨物線が分岐する相模国分信号所がある

終端側から見た海老名駅。左は新横浜線・東急目黒線・東京メトロ・都営三田線直通の東急車両による西高島平行、右はJR直通の新宿行、少し前までは深夜は別にして横浜行しかなかったのにくらべて、どこ行きかをいちいちチェックしないととんでもないところへ行くようになった

横浜駅から見た海老名駅。シーサスポイントの渡り線側と膨らんでいくホームとの線形をできるだけ直線にするようにして揺れを緩和している

東急東横線

東急東横線は渋谷―横浜間24・2㎞と短いが、横浜駅でみなとみらい線に接続して多くの電車が乗り入れて元町・中華街駅まで行く。日吉駅で新横浜線に接続してこちらも多数の電車が新横浜駅まで、さらには相鉄線の海老名駅や大和駅、湘南台駅に直通する。

田園調布―日吉間は線路別かつ方向別複々線になっていて内側線は田園調布駅で目黒線電車が直通しており、日吉駅では東横線電車よりも目黒線電車のほうが新横浜線に多く直通している。

さらに渋谷駅では東京メトロ副都心線と多くの電車が直通している。また、すべての駅にはホームドアがある。なお、東横線も横浜に向かって左側を海側、右側を山側として説明する。各駅とも海側（下り線側）の線路が1番線にして線路番号が付けられている。

渋谷

東横線の渋谷駅は地下5階にあって島式ホーム2面4線になっている。シーサスポイントが副都心線寄りも横浜寄りも、内方にだけある。このため東横線の折返電車は4番線か5番線で折り返す。東京メトロ直通電車は外側の3、6番線で発着するのが基本である。

内方にあるため横浜方面から渋谷駅の5番線に入るとき新宿方面から東横線の直通電車が6番線から発車しても交差支障は起こらない。シーサスポイントが外方に置かれていれば交差支障を起こす。4番線から折返電車が発車するとき3番線で横浜方面から新宿方面への直通電車に対しても内方にあるために交差支障を起こさない。

発着線は東横線下り線が3、4番線、副都心線直通の上り線が5、6番線になっていて、渋谷折返電車のうち始終発時（急行か通勤特急）は4番線で折り返すものの、多くの時間帯（すべて確定）では5番線で折り返している。

5番線で折り返す電車だと、新宿方面に行く場合、階段を昇り降りして上階コンコースを経て3、4番線のホームに行かなくてはならない。そのため、後続電車が各停の場合、代官山駅で、ほとんどの後続電車は急行なので、この場合は中目黒駅手前で「新宿三丁目方面に行く場合は中目黒駅で急行に乗り換えてください」という案内放送がなされる。

新宿三丁目寄りから見た渋谷駅。内方にシーサスポイントがある。副都心線だけが開通していたころには外方にもシーサスポイントがあったが、撤去されている

横浜寄りのシーサスポイントと内側線と外側線との合流部分はカーブした先にあるため駅のホームなどは見えない

5番線から発車した各停元町・中華街行

5番線で折り返すのは新宿方面からの優等列車との緩急接続を行うためである。また、副都心線直通の各停と優等列車が緩急接続のために各停が内側の4、5番線に停車する。渋谷駅は東京メトロと共同使用駅だが、管理や駅業務は東急が行っている。

中目黒

中目黒駅では日比谷線と接続しており、島式ホーム2面4線で、内側が日比谷線の発着線、外側が東横線の発着線である。

中目黒駅の渋谷寄り端部から1、2番線を見る

中目黒駅の横浜寄り端部から見た日比谷線引上線

かつては相互直通運転をしていたが、東横線の電車は20m4扉車に統一し、日比谷線の電車は18m3扉車だったため、乗車位置が合わなくなっていたので相互直通運転は中止して同じホームでの乗り換え方式にした。

現在、日比谷線電車も20m4扉車になったものの7両編成である。東横線電車は10両編成か8両編成なので、ホームドアを開ける場所の調整も必要なためと、昼間時でさえダイヤが過密で、新横浜線の直通もあり、以前のように日吉駅や菊名駅での折り返しがしにくい状況もあって相互直通運転は再開していない。

それでも横浜寄りで東横線と線路はつながったままである。また日比谷線の引上線が3線設置されている。引上線へ配線は複雑で、まずは下り線と上り線から分岐して合流、その向こうに複線になるようにして、そこにシーサスポイントがあって3線になる。言葉で説明するより、写真を参照していただきたい。

祐天寺

祐天寺駅は相対式ホーム2面3線で、上下線の間に上下電車兼用の通過線がある。通過線は上り線側で直線になっている。このため上り停車線が分岐する形になっているとともに、下り線では渡り線的ポイントで通過線に入る。

平日朝ラッシュ時上りで各停が通勤特急、急行を待避、休日ではすべての上りS-Trainと下り1本のS-Trainが各停を追い抜いている。

もともとは相対式ホーム2面2線の棒線駅だったが、自由が丘駅の渋谷寄りに待避駅がないために朝ラッシュ時の上りでは渋谷駅手前からダンゴ運転状態になって優等列車はノロノロと走っていた。そこで平成29年（2017）3月に通過線が設置されて、ノロノロ運転が解消されるようになった。
学芸大学—都立大学間の海側に保守基地がある。ここのスペースに待避可能な信号場あるいは駅を設置するということが考えられていたが、信号場での待避では乗客の理解が得られにくく、学芸大学—都立大学間の距離が1・4㎞しかないために新駅を設置すると駅間距離が短くなってしまい、かえってノロノロ運転を助長する。このために祐天

渋谷寄りから見た祐天寺駅。通過線は上り線側が直線、下り線とは渡り線でつながっている

祐天寺駅構内は横浜に向かって右カーブし、その先は左カーブしている。通過線はその間の直線部分で分岐合流している。やはり上り通過線が速度制限を受けないようにしている

寺駅に追い越し設備を設置した。

自由が丘

自由が丘駅は大井町線と斜めに交差している。東横線が高架で、下の地上に大井町線の相対式ホームがある。東横線は島式ホーム2面4線の待避追越駅になっている。異常時に対応する非常渡り線はない。

大井町線の二子玉川寄りに5両対応の引上線と上下渡り線がある。

田園調布

田園調布駅のずっと手前に順方向の乗り上げポイントによる渡り線があり、その先で上下線が広がって目黒線が内側に入り込んできて地下に潜って駅がある。田園調布駅から日吉駅まで方向別複々線になる。

島式ホーム2面4線で横浜寄りに上下各2線の間にシーサスポイントがあり、その先の上下各2線の間に東急多摩川線への連絡線がY線で分かれて地下に潜っていく。シーサスポイントがあっても東横線電車が内側線に転線したり、目黒線の電車が外側線に転線したりせず、目黒線の電車は内側線、東横線の電車は外側線を走る。この意味からする

自由ケ丘駅の横浜寄りを見る。横浜寄りは地面がせり上がっているので地平線になっている

と線路別複々線である。

東横線も目黒線も各停と優等列車が走っているので、複々線は緩急分離運転ではなく、それぞれ独立して運転されている。

東急多摩川線の蒲田駅から京急空港線への延伸が実現すると東急多摩川線の連絡線は本線化されて渋谷や目黒方面から直通電車が走ることになるが、現在でさえ下り方向は新横浜方面と横浜方面があるのに、そこに空港方面が加わる。上り方向では東横線は副都心線に乗り入れてさらに西武線方面と東武線方面に行く電車があり、目黒線では南北線さらに直通して埼玉高速鉄道線方面それに都営三田線方面がある。このため運転系統は非常に複雑になる。これをどうするかが今後の課題である。

次の多摩川駅は地上にポイント

横浜寄りから見た田園調布駅。外側が東横線、内側が目黒線。上下各複線とも幅が広いシーサスポイントがシンメトリーに置かれている

渋谷寄りから見た田園調布駅。保守車両用の乗り上げポイントの先で上下線は広がって一段高くなった地面の下を通る。広がった中央の地下には目黒線が通っている

横浜寄りから見た上り線側の田園調布駅ホームと広幅シーサスポイント

東横線下りホーム側から横浜寄りを見る。右の目黒線下り線とは間隔が広いシーサスポイントがある

がない島式ホーム2面4線の複々線であるが、地下に東急多摩川線のホーム1面2線がある。折返用のシーサスポイントは大きく左に曲がって地上に出たところにある。

武蔵小杉—元住吉間

武蔵小杉駅は複々線内にある島式ホーム2面4線だが、この先の地上に車庫の元住吉検車区がある。同検車区は内側線とつながっている。

このため目黒線電車の線路は一度地上に降りるが、その手前で東横線から目黒線への渡

横浜寄りの坑口付近。左側の目黒線から分岐しているのは多摩川連絡線

目黒線と東横線の間に目黒線から分かれた多摩川線連絡線は地下に潜っていく。東横線と目黒線の複々線は上り勾配になって地上に出る

田園調布駅の横浜寄り坑口。都営三田線所属の目黒線電車が田園調布駅に進入中。手前の下り線2線の間の掘割に多摩川連絡線がある

り線、そしてシーサスポイントがある。

地上に降りた目黒線は両側で元住吉検車区の入出庫線が分岐するとすぐに高架になって、基本的に入庫線になる線路と立体交差をする。

高架のままの東横線には非常用の逆渡り線がある。

元住吉駅は島式ホーム2面だが、外側の東横線のさらに外側に追い越し用の通過線が設置された6線構造になっているとともに、下り外側線に元住吉検車区からの入出庫線が接続している。

横浜寄りから見た武蔵小杉駅。目黒線の上下線にシーサスポイントがあり、その奥で外側の東横線との間に渡り線がある。目黒線は横浜寄りで地上に降りて元住吉検車区とつながっており、目黒線電車が走る線路は東横線電車の入出庫線を兼ねているためにこのような配線になる

横浜寄りから見た目黒線（内側線）の地上へ降りる線路。上下線の両脇に元住吉検車区の入出庫線が分岐接続している。また、連続立体交差事業を行いながらも踏切が残ってしまっている

元住吉駅のコンコースから渋谷方を見る。中央２線が地上から高架になった目黒線、左側の東横線上り線に通過線が合流している

日吉

日吉駅は新横浜線との分岐接続駅である。島式ホーム2面4線で渋谷寄りには下り線側は外側線から内側線へ、上り線側は内側線から外側線への渡り線がある。

横浜寄りでは上下線とも内外側線の間にY線で新横浜線が分岐合流するとともに、その先で内側線もY線で引上線1線につながっている。

渋谷寄りから見た元住吉駅東横線上り線。左側が停車線、右側が通過線

踏切から見た元住吉検車区

日吉駅の目黒線側から新横浜方を見る。手前にシーサスポイントがあり、その向こうにY形分岐した引上線がある

菊名

日吉駅から東横線は複線になる。

菊名駅は島式ホーム2面4線の追越駅兼折返駅になっている。横浜寄りにシーサスポイントがある。ホーム部分は横浜に向かって左に曲がっており、外側が追越用、内側が待避用にして横浜寄りにY形分岐で引上線がある。

このため引上線に進入する電車と横浜方面へ出発する電車、あるいは引上線から待避線に進入する電車と横浜方面から進入する電車は、交差支障がなく同時に進入できる。

菊名―妙蓮寺間に横取線と上下渡り線がある。

横浜

横浜駅は島式ホーム1面2線の地下駅で、渋谷寄りにシーサスポイントがある。通常は島式ホームが狭まっ

電車が停まっている中央の線路が引上線。10両編成ぶんの長さを確保するためにカーブさせている

日吉駅では内側線と外側線の間にＹ形分岐で新横浜線が分かれて地下に潜っていく

菊名駅からだいぶ離れた直線区果敢にシーサスポイントがある

横浜寄りの下り線から見た日吉駅。Ｙ形分岐で地下に潜る新横浜線とその右隣りに引上線がある

た先にシーサスポイントを設置して、できるだけ揺れが少ないようにするが、横浜駅では狭まってホームがなくなったところから離れてシーサスポイントがある。みなとみらい線寄りはシーサスポイントも渡り線もない。

渋谷寄りから見た菊名駅。海側に膨らんだ島式ホーム２面４線になっているため、山側の上り外側線が直線、海側の下り外側線は大きく曲がった線形になっている

菊名駅の上りホームから横浜方を見る。線路全体が左にカーブしながら駅の内方でＹ形分岐の引上線が中央に置かれている

菊名駅の引上線に入る折返電車。上をJR横浜線が横切っている

渋谷寄りから見た横浜駅。シーサスポイントはホームからやや離れたところにある

島式ホームの１番線に停車中のみなとみらい線直通の特急元町・中華街行

東急・相鉄新横浜線

相模鉄道の西谷―羽沢横浜国大間2・0kmはJR新横浜貨物支線に乗り入れて鶴見（ホームはなく通過）駅から品鶴貨物支線（横須賀線が走る線路）、山手貨物線（湘南新宿ライン等が走る線路）を経て新宿、そして埼京線に直通している。

その羽沢横浜国大駅から新横浜駅までの2・2kmの相鉄新横浜線と東急東横線日吉駅から新横浜駅までの5・8kmの東急新横浜線が令和5年3月に開通した。

相鉄新横浜線には途中に駅はないが東急新横浜線には新綱島駅があり、従来の綱島駅と同一駅扱いになっている。

運転系統は基本的に海老名―新横浜―目黒以遠間の相鉄本線―東急目黒線直通と湘南台―新横浜―渋谷以遠間のいずみ野線―東横線直通急行となっている。目黒線直通電車は8両編成、東横線直通電車は10両編成で走る。

目黒線目黒以遠では都営三田線直通と東京メトロ直通があり、東京メトロ直通のうちの一部はさらに埼玉高速鉄道の浦和美園まで直通する。東横線渋谷以遠では当然東京メトロ副都心線に直通する。和光市や池袋折り返しだけではなく東武東上線の志木、川越市、はては小川町まで直通する電車がある。しかし、小竹向原駅で西武線方面への新横浜線の直通電車はない。

相鉄線ではJR直通電車も走り、こちらも特急と各停が走るので相鉄線の列車種別と行先は相当に複雑になる。

西谷トンネル西谷側坑口。左は相鉄本線

羽沢横浜国大

羽沢横浜国大駅は相対式ホーム2面2線の単純な配線で、新横浜方面・JR線寄りで新横浜方面が内側、JR線方面が外側で分岐する。JR直通車両は広幅車体、新横浜線直通は通常車体の幅の車両が使用される。

JR線が輸送障害を起こしたとき、JR直通電車が新横浜線新横浜駅方面に入線することはできない。このため、羽沢横浜国大駅の両端に逆渡り線が設置され、JR線に直通できないときは2番線で西谷方面に折り返す。西谷―羽沢横浜国大間の区間運転の電車はな

羽沢横浜国大駅の新横浜寄りのJR線と新横浜線の分岐合流点とその手前にある逆渡り線

新横浜方面に向かう相鉄20000系電車

くなったが、この方式の折返運転を行っていた。また、鶴見・新横浜寄りの片渡り線でも本線上を引上線代わりにして折り返すこともできる。

とはいえ異常時の対処としては、島式ホーム2面4線にするのが通常の分岐駅での配線である。地形的に、そして用地上で、そのスペースがとれなかったことで、ダイヤが乱れたときには大きな混乱が起こる恐れがある。最低でもJR直通線の鶴見寄りか新横浜線の新横浜寄りに引上線を増設して異常時の対応に準備しておく必要があろう。

横浜方面と羽沢横浜国大方面が分かれる西谷駅は島式ホーム2面4線で二俣川寄りに引

羽沢横浜国大駅の新横浜寄りには左から１番線の JR 用、中央上部に新横浜方、右の２番線の上段に JR 用、下段に新横浜方の４機の出発信号機がある

西谷寄りにある逆渡り線

上線が2線置かれている。通常の分岐駅の配線である。そして引上線を使って横浜・新横浜の両方面への折返電車が走っている。

東急側の日吉駅も田園調布駅から複々線になっていて島式ホーム2面4線である。しかも新横浜線が何らかの事故で抑止されても長い引上線で田園調布方向へ折り返しができる。

新横浜

東急と相鉄の接続駅の新横浜駅は島式ホーム2面3線で、中線の2番線（2、3番乗り場）折返用になっているが、日吉寄りにシーサスポイントがあって、すべての発着線から日吉方面に折り返しができる。東急側の折返電車が多く設定されているが、相鉄側の折返電車も夜間に運転されている。中線が1線だけでは両線の折返電車は同時に折り返しができない。そのために両端で中線がY形分岐で合流した先で、日吉寄りはシーサスポイント、西谷寄りは逆渡り線を設置している。相鉄折返電車は3番線（4番乗り場）で、東急折返電車は1番線と3番線でも折り返しができるようにしている。

東急・相鉄の新横浜駅は都市計画道路横浜環状

上：羽沢横浜国大駅に停車中の相鉄 20000 系電車
右：羽沢横浜国大―西谷間の西谷トンネルを走る東急直通電車

2号の地下にあって、新幹線新横浜線とは直線距離で150mほど離れている。東急・相鉄新横浜駅のホームは地下4階にあり、新幹線のホームは地上3階にある。

東急・新横浜駅のホームから新幹線のコンコースに行くにはエレベータ、エスカレータを乗り継いで地上2階にあるペデストリアンデッキ（歩道橋）で新幹線東口に行くことになるが、乗換距離は長く上下移動もあり、そしてやや複雑な経路なので、慣れない人にとっては戸惑うし、慣れてしまっても面倒である。ムービングウォーク（動く歩道）がほしいところである。

新横浜駅で新幹線と他線との乗り換えにおいて一番楽で簡単なのは横浜線である。

東横線からは菊名駅で横浜線に乗り換えるのは楽だった。しかし、少し前から東横線と横浜線との連絡階段と連絡改札口は廃止されて、各々別の改札口にしていったん改札外に出ることになって菊名駅での乗り換えは面倒になってしまった。そういう点からもムービングウォークの設置がほしいところである。

左：新横浜の1番線に停車中の各停海老名行（左）と2番線（2番乗り場）に停車中の急行浦和美園行

右下：新横浜駅から日吉方を見る。2番線の中線がY形ポイントで上下線に合流した先の日吉寄りにシーサスポイントがある

左下：西谷寄りから見た新横浜駅

東急田園都市線

東急田園都市線は渋谷―中央林間間31・5km の路線で、渋谷駅で東京メトロ半蔵門線と接続して相互直通運転をしている。二子玉川―溝の口間は大井町線電車が乗り入れるために複々線になっている。

東急東横線と異なるのは、内側線を通っている大井町線電車用の線路には二子新地と高津の両駅のホームに面していないところである。

東横線と同様に基本的に方向別であって、かつ線路別の複々線で緩急分離をせず、田園都市線の電車が外側、大井町線の電車が内側を通っているところだが、大井町線の電車の一部が外側線に転線して二子新地駅と高津駅に停車する各停があるところが異なっている。田園都市線も中央林間に向かって左側を海側、右側を山側として説明する。各駅とも海側の1番から線路番号が始まっている。

右：半蔵門線の表参道寄りから見た渋谷駅
右下：渋谷駅の中央林間寄りにある逆渡り線を下り線から見る
左下：同・上り線から見る。上り線のカーブ上にある

渋谷

渋谷駅は島式ホーム1面2線で1番線が中央林間方面下り、2番線が半蔵門方面上りになっている。半蔵門寄りにシーサスポイント、中央林間寄りに逆渡り線がある。

半蔵門線の渋谷止まりの電車は最終の1本だけなのでシーサスポイントはあまり使われない。中央林間寄りの逆渡り線は朝に田園都市線の渋谷折返があって2番線で折り返して順渡り線で下り線に転線する。一部の電車は半蔵門寄りの上り本線に引き上げて、シーサスポイントで転線して1番線に入線してから発車している。渋谷駅は東京メトロとの共同

渋谷寄りから見た桜新町の上り線の停車線と通過線

渋谷寄りから見た下り線の停車線と通過線

渋谷寄りから見た二子玉川駅。上の高架線が田園都市線の上り線から大井町線上り線への連絡線、その横が田園都市線上り線、下にある線路が大井町線上り線から田園都市線上り線につながる連絡線

使用駅だが、管理運営は東急が行っている。

桜新町

桜新町駅は追越駅だが、かつての路面電車の玉川線と同じ旧国道246号の地下を通っている。道幅が狭いために通常の通過線と停車線がある相対式ホーム2面2線にはできない。

このため下り線が上の上下2段式になっている。地下1階にコンコースがあるから上り線は地下3階にある。

ホームは山側にあって通過線は海側にある。上下線とも通過線と停車線の間に壁が設置されており、通過電車をホームから眺めることはできない。

用賀駅の中央林間寄りに異常時の折り返しのためのシーサスポイントがある。以前は逆渡り線だった。その先で地形が下がっているために、ほぼ水平に進んで地上に出る。

二子玉川

二子玉川駅で大井町線が接続する。島式ホー

右：渋谷寄りから見た二子玉川駅。右の田園都市線上り線と大井町線上り連絡線が接続しており、左側の田園都市線の下り線は離れて上の大井町線連絡線と大井町線上下線をくぐって二子玉川駅の海側の1番線に向かう

右下：二子玉川駅の田園都市線上り線から渋谷方を見る。右にカーブしているのが大井町線連絡線、左の線路が田園都市線上り線

左下：用賀寄りで田園都市線の上下線は上下2段になって分かれる

ム2面4線で内側が大井町線、外側が田園都市線の発着線で、1番線が田園都市線下り線、2番線が大井町線下り線、3番線が大井町線上り線、4番線が田園都市線上り線になっているが、3、4番線は渋谷方面だけでなく大井町方面へも行けるようになっている。しかも4番線から大井町方面の線路が上、3番線の渋谷方面への線路が下で立体交差している。

中央林間寄りの大井町線の上下線間にシーサスポイントがある。大井町線電車は最長7両編成、田園都市線は10両編成のため、上下とも島式ホームの中央林間寄りの大井町線のホーム面は3両分にホームドアがない柵になっている。そこにシーサスポイントがある。

中央林間寄りから見た二子玉川駅。両外側が田園都市線だが、内側の大井町線との間に渡り線があり、その奥で大井町線の上下線間にシーサスポイントがある

高津駅近くにある外側線と内側線との転線用渡り線

田園都市線のホームがなくなった先で下りは田園都市線から大井町線へ、上りは大井町線から田園都市線への渡り線がある。

ここから複々線になり、途中の二子新地駅と高津駅は田園都市線に面して相対式ホームがある。

溝の口駅の渋谷寄りというよりも高津駅に近いところに下りは田園都市線から大井町線へ、上りは大井町線から田園都市線への渡り線がある。

溝の口

溝の口駅は島式ホーム2面4線で中央

渋谷寄りから見た溝の口駅

中央林間寄りにある引上線

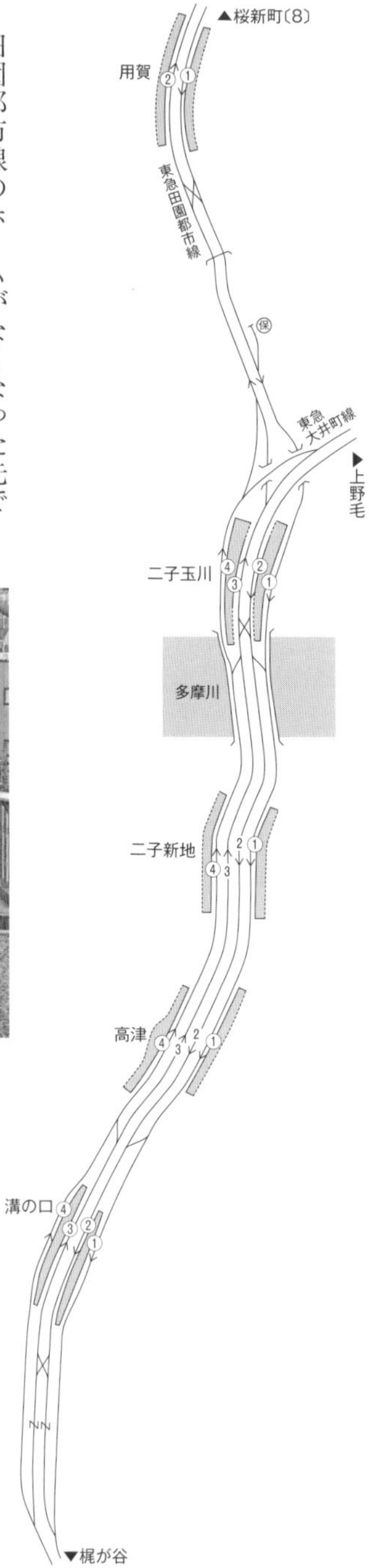

林間寄りに2線の引上線がある。引上線間にシーサスポイントがあって中央林間寄りで海側の引上線は田園都市線下り線、山側の引上線は上り線に接続している。

次の梶ヶ谷駅や鷺沼駅に留置線があり、これらの留置線から引上線に入線させるために接続している。将来的に鷺沼駅まで複々線化することが運輸政策審議会で取り上げられているために将来は大井町線の上下線になることも想定している。

現在、一部の大井町線電車が引上線を通って鷺沼駅まで直通している。

梶が谷

梶が谷駅は島式ホーム2面4線で駅全体が中央林間に向かって右カーブしており、下り1番線が下り本線で待避しない各停が停車し、優等列車が通過する。2番線は下り副本線で待避する各停が停車する。下り3番線は副本線で各停が停車し、4番線は本線で優等列車が通過する。このため4番線にはホームドアはなく通常の柵

左：引上線は中央林間寄りで上下本線と接続している
右下：溝の口トンネル内の梶ヶ谷寄りにあるシーサスポイント
左下：渋谷寄りから見た梶ヶ谷駅

になっている。

山側の4番線の途中で分岐して中央林間方面に向いた4線の留置線が枝分かれ形で分岐している。海側には中央林間から渋谷方に向いた保守基地がある。
2、3番線が上下本線に合流する形で接続して中央に引上線が置かれている。上下本線は単線並列複線の末永トンネル（100m）を抜ける。引上線も10両編成対応のために行止りのトンネルに入っていく。

鷺沼

島式ホーム2面4線の鷺沼駅の渋谷寄りの海側に東京メトロの鷺沼車両基地、山側に東急の留置線（正確には長津田検車区鷺沼車庫）がある。これらの入出庫のために5組のシーサスポイントが置かれている。

まずは上下本線間に逆渡り線があり、その先の海側では東京メトロの入出庫線につながる下り副本線と下り本線の間、山側の東急鷺沼車庫の入出庫線につながる上り副本線と上り本線の

右：上り通過線から見た梶ヶ谷駅の中央林間寄り。ホームは柵が建てられており、右側にある留置線へのポイントがつながっている
右下：梶が谷駅の中央林間寄りには末永トンネルがあり、上下線間にある引上線も行止りのトンネルに入っている。右側に留置線4線、左側に保守基地がある
左下：渋谷寄りから見た鷺沼駅。手前に順渡り線、その向こうに3組のシーサスポイントがある

間に各1組、そしてホーム寄りの上下線間に1組の計5組のシーサスポイントがある。うち3組が運転関係である。

平日の朝ラッシュ時上り以外は外側に各停が停車、内側に優等列車が停車して緩急接続をする。ただし待避しない各停は内側に停車する。朝ラッシュ時上りでは乗降時間が長いので運転間隔を詰めるために各停と準急が交互発着をしている。

中央林間寄りで上下副本線と本線が合流するとすぐに58mの鷺沼トンネルを抜ける。その先に2線からなる保守基地がある。

上下線間にあるシーサスポイントと上下ホームを見る

鷺沼トンネル手前で上下線とも待避線が分岐合流する

たまプラーザ駅は相対式ホーム、その次のあざみ野駅も相対式ホームだが、同駅の手前の山側に横取線があり、中央林間寄りに非常用の逆渡り線が置かれている。その先の海側にも横取線がある。

江田・藤ヶ丘

江田駅は島式ホーム2面4線で中央林間に向かって右にカーブしている。1番線は下り本線で優等列車の通過線になっていてホームドアはなく通常の柵になっている。2番線は副本線で各停が停車する。3番線は上り本線で優等列車が通過するためにホームドアでなく柵が設置されている。4番線が上り副本線で各停が停車する。

藤ヶ丘駅は中央林間に向かって右カーブしており、上り線だけに停車線と通過線がある相対式ホーム2面3線になっている。朝ラッシュ時上りだけ各停が準急・急行を待避する。

長津田

右：あざみ野駅の中央林間寄りにある逆渡り線は、異常時に渋谷方面からの電車は中央林間寄りの下り線に引き上げて逆渡り線で転線して渋谷方面に折り返しができ、中央林間方面からの電車はあざみ野駅のホームに停車してスイッチバック、逆渡り線で転線して折り返しができるようになっている
右下：渋谷寄りから見た江田駅
左下：江田駅の上り通過線から中央林間方を見る。右側はホームドアではなく柵になっている

長津田駅はJR横浜線と自社のこどもの国線と接続している。田園都市線自体は島式ホーム2面4線だが、発着線は横浜線とで連番になっている。横浜線の下り八王子方面が1番線、東神奈川方面が2番線であり、田園都市線の下り本線が3番線、副本線が4番線、上り本線が5番線、副本線が6番線、そしてこどもの国線の片面ホームが7番線である。

中央林間寄りというよりも横浜線に沿って長津田検車区があり、上下線の間に引上線を兼ねた複線の入出庫線がある。入出庫線は田園都市線の上り線の下を通り抜けている。

上下副本線は待避する各停が停車し、本線は待避しない各停と優等列車が停車する。ただし4番線は長津田止まりの電車、5番線は長津田発の電車も基本的に停車する。

もともと3、4番線だけの島式ホーム1面2線だったのを山側に島式ホームを増設して2面4線化したため、3番線が直線になって、6番線は山側に大きく膨らむ形状になっている。

JR長津田駅の上り線に貨物本線の上り1番

左：渋谷寄りから見た藤が丘駅
右下：藤ヶ丘駅は相対式ホーム2面3線で中線は上り通過線、左側の線路は下り本線
左下：やや離れた渋谷寄りに逆渡り線がある

線があり、そこから八王子方面に東急の授受線が伸びて田園都市線の3番線との間に渡り線が置かれている。東急の新車の搬入や改造するための車両の搬出では横浜線経由で金沢八景にある総合車両製作所に甲種貨物輸送の貨物列車が走る。まだ国交省から認可されていない車両を自己の台車車輪で機関車牽引で走る列車のことを甲種貨物という。

搬入経路は金沢八景駅から京急逗子線、神武寺駅で専用線を通って逗子駅へ、ここから横須賀線で大船駅へ、そして根岸線に入り桜木町駅で東海道貨物線、鶴見駅で武蔵野南線（貨物線）、府中本町駅で南武線、立川駅で中央線、そして最後に八王子駅で横浜線に入って長津田駅に向かうという遠回りコースで走る。

南町田グランベリーパーク駅の渋谷寄りの山側に横取線、中央林間寄りに乗り上げ式ポイントによる保守車両用の逆渡り線がある。

中央林間

中央林間駅は地下駅で島式ホーム1面2線に

右：下り本線が直線で、上り線は山側に膨らんでいる
右下：下り待避線、上り本線、待避線、それにこどもの国線の7番線が右に分かれている
左下：車庫への入出庫線にはシーサスポイントがあって引上線としても使用され、その先で上下の待避線からの渡り線がある。上下本線は高架になって左にカーブ、上り本線は入出庫線、続いてJR横浜線を乗りこしている

なっている。山側の2番線が直線で海側の1番線が海側に膨らんでいる。渋谷寄りにシーサスポイントがあって1番線の電車が上り線に転線するときショックを和らげるために直線で交差部を通る配線になっている。

終端部はホームを通り越しても線路が伸びており、冒進しても車止めに衝突しないように余裕を持たせている。

なお、島式ホーム1面2線の交差支障率は50％である。

中央林間寄りの跨線橋から渋谷方を見る。左が田園都市線下り待避線、右端上に横浜線のホームがあり、横浜線上り神奈川川方面の線路から分岐しているのが、JR の上り 1 番副本線。同線路に接続して手前に延びているのが東急授受線。甲種貨物列車は JR 上り 1 番副本線に入って JR 貨物の機関車から東急 7500 系総合検測車に付替えてから、東急授受線に向かう

同、中央林間方を見る。右から上り本線、2 線の入出庫線、下り本線、そして授受線が並んでいる。授受線から右下に分かれている線路は下り待避線につながっている

横浜線ホームから授受線等を見る。見えている橋脚は跨線橋（横断歩道橋）のもので右側の橋脚の奥に授受線から下り待避線への渡り線がある。手前の左側に少し見える線路は横浜線上り本線、その向こうで斜めに横切っているのが上り１番副本線で授受線が接続している

渋谷寄りから見た中央林間駅。海側の１番線が膨らんでいる

終端部は冒進余裕を持たせている

小田急小田原線

小田急小田原線は新宿―小田原間82・5km で、代々木上原駅で東京メトロ千代田線と接続して相互直通運転を行い同駅から登戸駅までが複々線になっているとともに登戸―向ケ丘遊園駅までの上り線は複線になっている。新百合ヶ丘駅では多摩線、相模大野駅では江ノ島線と接続して直通電車が走る。

さらに新松田駅でJR御殿場線、小田原駅で箱根登山鉄道と接続して御殿場もしくは箱根湯本駅まで特急ロマンスカーが直通運転をしている。各所に待避追越駅があって、緩急接続を行っている。

本書では新宿―本厚木間を取り上げる。小田急も小田原に向かって左側を海側、右側を山側とする。実際に乗務員の間でこの呼称を使っている。線路番号はやはり海側（下り側）から1番になっている。

右：小田原寄りから見た新宿地上ホーム。中央2番線がY形接続で両端の1、3番線に合流、そして小田原寄りにシーサスポイントがある
右下：1番線の旧特急ホーム・降車ホームは閉鎖されている
左下：終端側から見た2番線。冒進を防ぐために2個一組の速照地上子が多数並べられている。両側ホームの2番線の場合、乗り場案内は左側が3番、右側が4晩になっている

新宿

新宿駅は地下ホームと地上ホームの上下2段式になっている。地下ホームは櫛形ホーム3面2線、地上ホームは櫛形ホーム4面3線になっている。ただし地上ホームJR側1番ホームは狭いために閉鎖されて、ホームの長さも8両分しかなく10両編成に延ばされていない。以前は特急用乗車ホームと急行などの降車ホームとして使われていた。

他の乗降ホームは10両編成分の長さがある。ホーム番号が2番から10番まで付けられているが、線路番号は地上ホームJR寄りが1番線で地下の山側が5番線になっている。

各発着線は10両編成の長さを確保するために小田原に向かって左側に緩くカーブしている。1番線を除いて各発着線は両側にホームがあって乗降分離をしている。

地上ホームは優等列車用、地下ホームは各停用としているが、特急を除く優等列車の一部は朝ラッシュ時に地下ホームに到着している。

地上ホームの中央2番線はY形配線で1、3

右：3面4線の地下ホーム。左の5番線は発車時の揺れを防ぐために直線でシーサスポイントの交差部を通れるようにしている

右下：地上線は緩い勾配で降りていき、地下ホームはS字カーブで勾配を緩和しながら地上に登っていく

左下：地上線と地下線の合流はかつて新宿寄りに近かった旧南新宿駅の端部付近にあり、その手前で2か所の踏切を通る。8両編成の時代は新宿寄りの踏切付近で地上線と地下線は合流していた

番線と合流してからシーサスポイントがある。地下ホームの4、5番線はシーサスポイントで転線する。両方とも交差支障率は50%だが、地下線が地上に出て地上線と合流している。ようは立体交差しているようなもので全体の交差支障率は20%でしかない。

代々木上原―世田谷代田間

代々木上原駅は島式ホーム2面4線で内側が東京メトロ千代田線、外側が小田原線になっている。小田原寄りに千代田線電車の折返用の引上線が2線あり、その手前で小田原線の緩行線が分岐する。そしてすぐに上下線とも緩行線と急行線の間にシーサスポイントがあって緩急両電車の行き来ができるようにしている。

東北沢駅は地下になっている。代々木上原―東北沢間は緩行線が内側、急行線が外側で東北沢駅では上下緩行線の間に島式ホーム1面がある。

両外側の急行線は小田原に向かって下がっていき下北沢駅では緩行線が上の地下3階、急行

左：急カーブ上に島式ホームを移設したころの代々木八幡駅。写真では右側の旧ホームが残っているが、現在は撤去されてすべてのホームの前後に屋根が設置されている

右下：代々木上原駅の新宿方を見る。千代田線は地下に潜っていく。両側の小田原線は徐々に地上に降りて山手通りの下をくぐって代々木八幡駅に向かう

左下：千代田線の代々木公園寄りから見た代々木上原駅

線のその下の地下4階にある。緩急乗り換えは垂直移動になる。

世田谷代田駅も上下2段式の地下駅で、急行線が先に完成したので、緩行線ができるまでの間は島式の仮ホームが設置されていた。

世田谷代田駅の小田原寄りで高架になる。高架になってからは急行線が外側、緩行線が内側で進む。

新宿寄り下り線から見た代々木上原駅

代々木駅から新宿寄りを見る。左から下り急行線、下り緩行線、２線の引上線、上り緩行線、上り急行線。２線の引上線間、上下の緩行線と急行線の間にシーサスポイントがある

東北沢駅で急行線は徐々に下がっていって下北沢駅では緩行線の下を進む

経堂

経堂駅には元々車庫があった。高架複々線化後も新宿寄り山側に2線の留置1、2番線と3線の保守車両留置線がある。これら留置線は梯子形で分岐している。留置1、2番線は新宿寄りに出発信号機があって上り急行線につながっている。上り急行線はその向こうで上り緩行線への渡り線、さらに下り緩行線との順渡り線がある。

経堂駅の下り線側は1番線の緩行線と2番線の急行線の間に島式ホームがある。上り線では急行線はホームに面しておらず、緩行線が2線になってその間に島式ホームがある。

東北沢駅から新宿方向を見る。小田原方面に向かって高架から地下に潜っていく。電車は急行新宿行

東北沢の下り急行線を走るロマンスカーMSE6両編成の「はこね」号

東北沢の上り急行線を走るロマンスカーVSE新宿行

朝ラッシュ時上り緩行線を走る通勤準急が3番線に停車して4番線に停車している各停を緩急接続で追い抜いている。通勤準急それに準急は千代田線に直通するので、代々木上原駅で急行線に転線しないので交差支障を起こすことはない。

経堂駅のホームの新宿寄りの下り線は1番線の緩行線と2番線の急行線の間にシーサスポイントがあり、上り緩行線の3番線から急行線への渡り線がある。小田原寄りの下り線は緩行線から急行線への渡り線があり、上下急行線の間に渡り線、それに続いて上り急行線から緩行線の渡り線、さらに緩行線が2線に分かれている。分かれた先の新宿寄りには

新宿寄りから見た経堂駅。経堂駅構内は新宿寄りの豪徳寺駅近くからはじまる。まずは経堂駅上下急行線間に順渡り線、続いて上り急行線と緩行線の間に渡り線、そして山側に２線の留置線がある

留置線と上り緩行線との合流点付近から新宿方を見る。留置線の端部に出発信号機がある。出発信号機と一体になった右の信号機は上り緩行線の閉塞信号機、離れた右端にあるのは上り急行線閉塞信号機。奥に緩行線から急行線への渡り線がある

経堂駅から新宿方を見る。右から下り緩行線、同急行線、上り急行線、下り緩行３番線、奥に２線の電留線と３線の保守車両留置線がある。上り緩行４番線が緩行線に合流する手前に緩行３番線から急行線の渡り線があって、緩急接続をした上り急行と各停が競合しないようにして同時発車を可能にしている

急行線から3番線への渡り線がある。

経堂停車の上り急行が3番線に転線するときに各停は手前で4番線に転線して交差支障を起こさないようにして同時進入を可能にしている。発車するときも交差支障を起こさないで同時発車できる。また急行が3番線に停車しているときに後続の特急などが追い越すこともできるが、これは行われていない。

上りの4、5番線は小田原方面に出発信号機があって小田原方面に折り返しができる。

新宿寄りから見た経堂駅。下り緩急2線間にはシーサスポイントがある。上りの緩行3番線から急行線へ転線しようとしている新宿行急行

小田原寄りから見た経堂駅。手前の上下急行線間に逆渡り線、その先で緩行線から急行線への渡り線があり、上り線側は続いて緩行4番線が分岐する。そしてもう一つの急行線から緩行3番線への渡り線があって、上り各停が緩行4番線に、上り急行が緩行3番線に同時に転線しても競合しない配線になっている

成城学園前

成城学園前駅は掘割の中にあるが上部に蓋をしてその上に駅ビルやバスターミナルなどが置かれている。このため地下駅のような雰囲気になっている。

島式ホーム２面４線で新宿寄りにはポイントはない。小田原寄りでは緩行線から喜多見検車区への入出庫線が両側で分かれている。そのため複々線と入出庫線による６線構造になっている。

上下急行線間に逆渡り線、その先の下り線で急行線から緩行線への渡り線、さらに緩行

成城学園前駅から小田原方を見る。急行線上下線間に逆渡り線、下り線側は急行線から緩行線、緩行線から駅の手前で分岐した喜多見車庫への入出庫線への渡り線がある。上り線は急行線と緩行線の間にシーサスポイントがあり、その先で上り入出庫線への渡り線がある

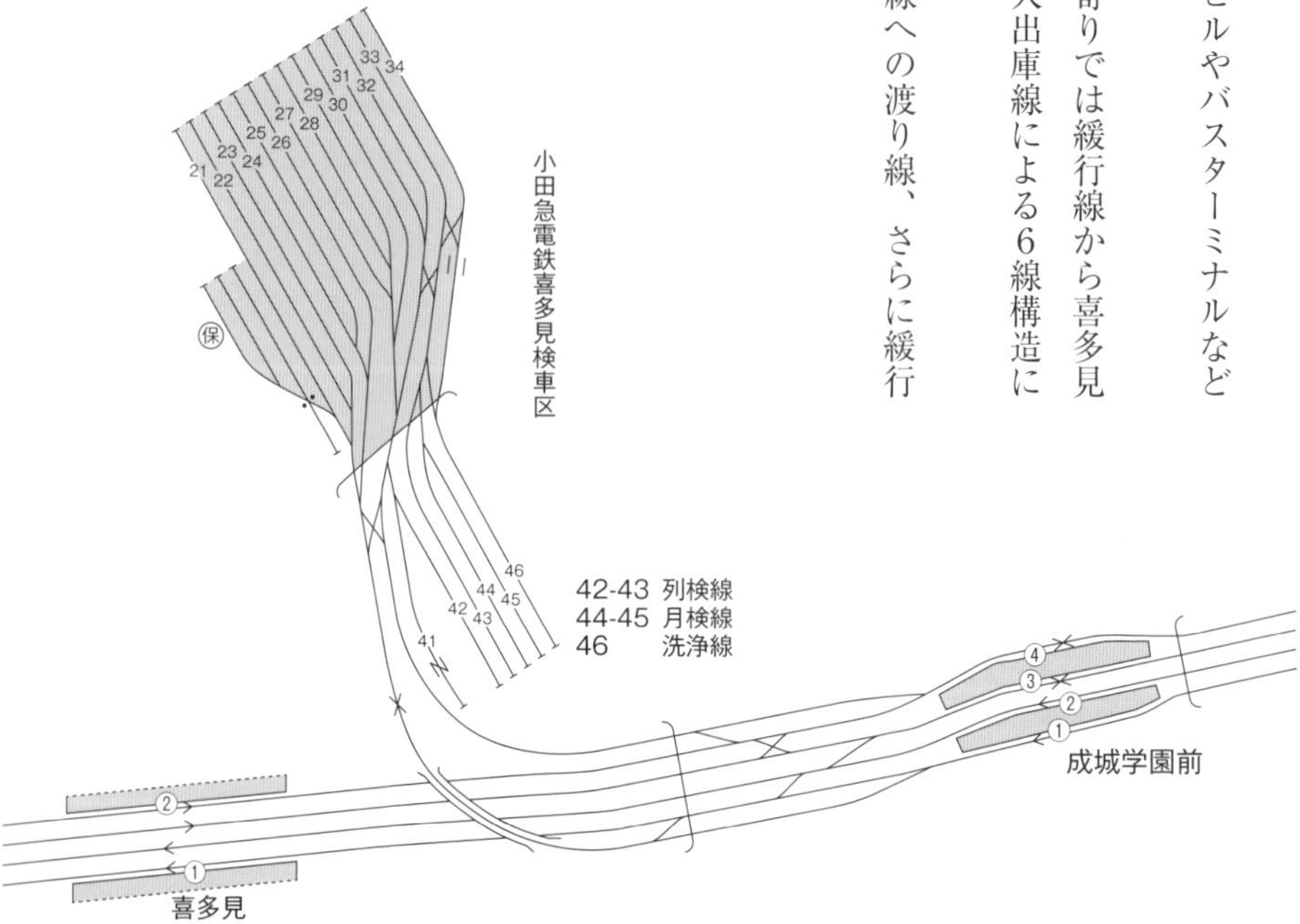

線から海側の入出庫線への渡り線がある。上り線のほうは緩行線と急行線の間にシーサスポイントがあって、次に緩行線から山側の入出庫線への渡り線がある。

下り3番線は小田原方面に折り返しができる。

成城学園駅を出ると海側の入出庫線が上下複々線を乗り越していく。喜多見検車区は当初、営団地下鉄の車両基地と共用する予定で用地が確保されていた。確保した当時、多摩ニュータウンへの新線は喜多見分岐とし、現在の千代田線になる当時の8号線も喜多見接続にする予定だった。

小田原寄りから見た成城学園前駅の下りホーム。下り緩行線から車庫への入出庫線が分かれている

小田原寄りから地上の出ている成城学園前からの上り線側を見る。左端が上り線側の入出庫線、右側の高架線は本線を乗り越す下り線側の入出庫線

登戸―向ヶ丘遊園間

登戸駅は島式ホーム2面4線で、同駅の手前で下り線は緩行線から急行線への渡り線、上り線は緩行線と急行線との間にシーサスポイントがある。

小田原寄りでは下り緩行線が急行線に合流して1線になるが、上り線側は緩行線と急行線の複線で向ヶ丘遊園駅まで達している。

向ヶ丘遊園駅も島式ホーム2面4線で小田原寄りに引上線が1線置かれている。上り急行線がまっすぐに引上線につながっており、向ヶ丘遊園以遠の上り本線が緩行線つながっている。引上線と上り本線との間にシーサスポイントがある。下り線からは渡り線がつながっている。

向ヶ丘遊園駅の引上線で折り返す各停・準急と小田原方面からの急行がほぼ同時に向ヶ丘遊園駅に進入することがある。こんなときは緩行線の4番線に急行が、急行線の3番線に各停が停車することになる。同駅の新宿寄りには渡り線などがないから登戸駅まで両電車が並走し、登戸駅で急行が先に急行線に転線、その後各停

右：登戸駅から新宿方を見る。下り線の緩行線から急行線への渡り線がある
右下：小田原寄りから見た登戸駅。上り線の緩行線は急行線と合流して１線になる
左下：上りの急行線と緩行線の間にはシーサスポイントがあり、新宿行急行が緩行線から急行線に転線しているところ

が緩行線に転線する。

　複々線の内側が急行線だった場合、急行が通過する駅を相対式ホームにすれば急行線にはカーブができない。反対に外側を急行線にした場合、各停だけが停車する駅は上下線間に島式ホームを置くか、緩行線と急行線の間に片面ホームを置くことになるので、通過駅で急行線はどうしても駅の前後でカーブができてしまう。

　しかし、途中に各停の折返駅があるときは内側を緩行線にすれば急行線と交差せずに折り返しができる。京阪神地区の東海道山陽線草津―新長田間や西武池袋線の練馬―石神井公園間、東武東上線和光市―志木間、伊勢崎線北千住―北越谷間はまさしく緩行線を内側にしている。

新百合ヶ丘

　新百合ヶ丘駅の手前の百合ヶ丘駅が開設されたのは昭和35年3月だが、開設時には17m中形車6両編成による島式ホーム2面4線にできる構造にしていた。多摩ニュータウンへの新線は前述のように当初は喜多見駅分岐を予定してい

左：急行が転線した後に準急我孫子行が急行線から緩行線に転線している。ときおり、このような転線をする光景が見られる

右下：向ヶ丘遊園駅から新宿方を見る。下り線は待避線が分岐するが、上り線は登戸駅から複線になっているのでポイントはない

左下：上り線の小田原寄りから見た向ヶ丘遊園駅。上り待避線が本線と合流した先で引上線への渡り線が分岐する

たが、その後、百合ヶ丘駅分岐に変更になった。

　しかし、輸送力を確保するには20m大形車10両編成にする必要があり、手狭な百合ヶ丘駅での分岐はできない。当時柿生駅まで大きく迂回していた小田原線を短絡するようにして、まだ土地に余裕があったところに新百合ヶ丘駅を設置してここで分岐することにした。そして百合ヶ丘駅も20m大形車10両編成が停まれる長さにホームを延伸したので待避追越駅の準備設備はあまりわからなくなっている。

　その新百合ヶ丘駅は島式ホーム3面6線で両側の各1面2線が小田原線、中央の1面2線が多摩線の発着線になっている。新宿寄りに多摩線の引上線2線があり多摩線のホームの新宿寄りにシーサスポイント、同ポイントと引上線との間に下り小田原線から多摩線へ、上り側では多摩線から上り小田原線への渡り線がある。

　小田原寄りでは小田原線の追越線の2、5番線と多摩線の上下線との間にそれぞれ一組ずつのシーサスポイントがある。その先の多摩線の上下線間にもシーサスポイントがある。小田原

右：向ヶ丘遊園駅の小田原寄りの下り線側。下り線はシーサスポイントになっており、優等列車は交差部を通って内側の急行線に転線するのが基本的だが、このため速度を落としている。新百合ヶ丘駅まで複々線化する予定があり、このときには引上線が急行線になるので減速しなくてすむようになる
右下：引上線に停車している準急我孫子行
左下：百合ヶ丘駅は掘割になっており、注意深く見ると待避線を設置できる構造になっていたことが分かる

線の上下待避線の1、6番線はその先で本線に合流している。このため小田原線の1、6番線は多摩線と行き来ができない。1番線は小田原寄り、6番線は新宿寄りに安全側線がある。

平日の朝ラッシュ時の上りを除いて小田原線の快速急行・急行と各停は緩急接続をする。朝ラッシュ時上りは混雑による乗降時間が長いので運転間隔を詰めるために交互発着をしている。

多摩線唐木田寄りから見た新百合ヶ丘駅。多摩線の上下線間がやや広がってからシーサスポイントがあり、その先で多摩線の上下線と小田原線の上下本線との間にもシーサスポイントがある。小田原線の待避線はその手前で分岐合流しているので多摩線から小田原線待避線には入線できない。しかし、多摩線の電車が小田原線の本線へ、小田原線の電車が待避線へ同時に進入できる

新百合ヶ丘駅から新宿方を見る。左端から上り待避線、上り本線、多摩線から延びている2線の引上線、そして下り本線が見える。2線の引上線の間にシーサスポイントがあり、その先で小田原線本線への渡り線がある

多摩線からの上り新宿行急行は小田原線の本線5番線に停車するが、下りでは多摩線の3番線に停車する。このため登戸駅に到着するとき「小田原方面へは登戸駅で後続の快速急行に乗り換えてください」という趣旨の放送が流れる。

多摩線の各停は主として4番線で発着していて引上線で折り返すことはない。

新百合ヶ丘駅の先で多摩線が小田原線上り線を乗り越して分かれていく。その先に保守基地がある。この用地は迂回していたもともとの小田原線の路盤を流用したものである。

鶴川

柿生駅は元々島式ホーム2面4線の追越駅だったが、新百合ヶ丘駅ができたために相対式ホームにした。不要になった待避線跡はホームの拡幅と10両編成分にホームを延伸するための用地に流用された。

鶴川駅は上り線側だけ島式ホームになっていて、新百合ヶ丘駅で交互発着をしているために追い越しができないので、朝ラッシュ時に各停、

右：多摩線と分かれた小田原寄りにある保守基地。この用地は新百合ヶ丘ができる前の小田原線線路だった。また、上の高い高架橋が多摩線

右下：小田原寄りから見た柿生駅。新百合ヶ丘駅ができる前は同駅が島式ホーム2面4線の待避追越駅だった

左下：小田原寄りから見た鶴川駅。上り線だけ待避線がある

準急が快速急行・急行を待避する。

町田

町田駅は島式ホーム2面4線で新宿寄りに引上線がある。以前はこの引上線を通って江ノ島線の各停が折り返していたが、現在は主として小田原発町田折り返しの急行が入線している。ただし小田原線の各停や江ノ島線の電車も折り返すこともある。また小田原線各停と快速急行・急行が緩急接続をしている。

小田原寄りの内方に順渡り線がある。異常時には小田原方面の上り電車が転線して2番線で折り返すようにしている。

相模大野

相模大野駅は江ノ島線との分岐駅で小田原寄りに大野電車基地がある。中央に上下通過線がある島式ホーム2面6線になっている。新宿寄りに引上線があり、海側の1番線と山側の4番線が江ノ島線とまっすぐにつながっている。もちろん、小田原に行けるようにしているととも

左：町田駅の新宿寄りにある引上線。引上線はY形配線で上下線に接続、その先で待避線が分かれる
右下：小田原寄りから見た町田駅。内方に順渡り線がある
左下：新宿寄りから見た相模大野駅。左の電車が停まっている線路は引上線。右の線路が上り本線で引上線との間に渡り線があってそのまま進むと上り通過線になる。下り線への転線は通過線への渡り線の手前にある

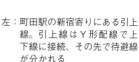

に、2、3番線から江ノ島線に行けるようにもしている。ただし通過線は江ノ島線に出入りできない。

江ノ島線の上り線は小田原線と車庫線を乗り越して4番線に向かう。江ノ島線の上下線の間に大野電車基地の留置線があり、江ノ島線の下をくぐった小田原寄りに小田原線と平行した電留線と大野工場があって複雑な配線になっている。

駅近くでは引上線（通過線）と上り本線との間に２組の渡り線化あって、その間には待避線が合流している。本線から引上線へと、待避線から本線への電車が競合しないようにするとともに、待避線から引上線へも行けるようにしている

相模大野駅から引上線を見る。引上線は上下本線間とは２組の渡り線で接続している。右側に１線分の用地が空いている。これは町田―相模大野間を複々線化する予定があって開けているもので、複々線化後の引上線は上り急行線になる。このため引上線をまっすぐ相模大野駅に進めると上り通過線になっているのである

下り通過線はまっすぐ進んで相模大野駅に進入し、停車線と待避線（主に江ノ島線電車用）はそれぞれ別々に通過線から分岐している。これも右側の空間に緩行線が設置されたときに備えての配線である

下り通過線は速度を落とさずに通過できるが、上り通過線は新宿寄りで上り停車線と渡り線でつながっているので速度を落としている。上り通過線から新宿寄りにまっすぐ進む線路は引上線になる。上り3番線から引上線に行くには渡り線で通過線に転線する。4番線から引上線には行けない。

基本的に1、4番線は江ノ島線電車、2、3番線は小田原線電車が発着する。

相模大野駅から小田原寄りを見る。右から江ノ島線兼待避線、上り停車線、上り通過線、そして下り通過線、停車線、待避線兼江ノ島線が並ぶ。上り江ノ島線と停車線との間にシーサスポイントがあり、上り停車線から通過線、上り通過線から下り通過線への渡り線が並んでいる。上り通過線は奥で緩くカーブしている。その間に停車線が分岐合流している

下り江ノ島線から見た相模大野駅。主に江ノ島線が発着する下り待避線と停車線とはシーサスポイントで結ばれており、その左隣の下り通過線はまっすぐ進んいる

相模大野駅の小田原寄り。上り通過線が緩く山側にシフトしていき、その途中で右側に見える停車線が分岐している。下り線のほうは通過線とまっすぐ進むと車庫構内になる停車線との間はシーサスポイントになっている。下り通過線は緩く山側にシフトしていく

相武台前

相武台前駅は島式ホーム2面4線で海側に留置線が10線置かれている。元々は貨車の車庫だったのを電車留置線に流用している。

小田原寄りの上下本線間に逆渡り線と順渡り線があり、下り待避線から新宿方向に留置線が分かれている下り待避線側に3線1群、次に2線2群、そして3線1群の枝線形分岐で10線になっている。下り待避線側端部の1線は新宿寄りで本線に並行して伸びている。

かつての機関車折返線である。朝ラッシュ時と夕ラッシュ時の一部で各停が快速急行を

新宿寄りから見た相武台前駅。左の行き止まりの線路は留置線の引上線だが、貨物基地時代は機折線だった

相武台駅は島式ホーム２面４線で下り線側は新宿寄りに少しずれている

相武台前駅から小田原寄りを見る。奥に逆渡り線、順渡り線があり、上り線側の本線と待避線は入換信号機で小田原寄りに引き上げて、留置線に入るようにしている

待避している。

海老名

海老名駅は山側に海老名検車区が広がり、その向こうにＪＲ相模線、海側の新宿寄りに相模鉄道本線のそれぞれ海老名駅があって連絡している。新宿寄りでは相模鉄道の厚木貨物線が斜めに乗り越している。

駅自体は島式ホーム２面４線で山側の待避線の４番線は新宿寄りで海老名検車区の21番

小田原寄りから見た相武台前駅。順渡り線、逆渡り線がある。左の場内信号機は３基あり１基は順渡り線で下り本線に転線するためのもの。シーサスポイントにしていないのは貨車はシーサスポイントの交差部での隙間で脱線する恐れがあったためである

相武台前駅の電留線。電留線にも出発信号機がある

引上線につながっている。また新宿寄りの上下本線間に順渡り線と逆渡り線があり、それら渡り線の間に駅寄りの上り線から21番引上線への渡り線がある。

車両基地は中間に3線の通路線があって新宿寄りは21番線から40番線まで20線の留置線、その北側に保守基地がある。小田原寄りは留置線のほかに洗浄線2線と列検線2線を含む51番線から60番線までの10線がある。その北側にロマンスカーミュージアムがある。

かつて海老名駅では相模鉄道と線路がつながっていて本厚木駅まで直通電車が運転されていた。また、隣の厚木駅の手前から分かれて相模線への連絡線もあった。さらに相模線が相模鉄道本線だった時代には厚木駅（当時は河原口駅）付近から分岐する砂利採取線や小野田セメント専用線もあった。

相模線への連絡線は撤去されて小田急寄りには移動変電車のための側線として、また砂利採取線や小野田セメント専用線の線路の一部は1970年代まで残っていた。そのころの海老名

右：新宿寄りから見た相模大野駅
右下：相模大野駅は島式ホーム2面4線で、入出庫線へ渡り線は新宿寄りの引上線と交差するのでシングルスリップスイッチになっている
左下：小田原寄りから見た海老名駅。小田原寄りの外方には入出庫線が合流し、さらに逆渡り線がある

駅や厚木駅周辺は農地や野原が広がっていた。今では考えられないほどのどかな田園地帯だったのである。

本厚木

本厚木駅は高架の島式ホーム2面4線で小田原寄りに引上線がある。引上線はY線で上下本線とつながっているが、上り線側の副本線待避線の分岐は引上線がつながるポイントの小田原寄りで分岐している。

これによって、引上線が上り本線に入線するとき、小田原方面からの電車が副本線に同時に進入できるようにしている。

小田原寄りから上り線の配線構造を見る。上り本線から分岐した線路が、引上線から合流した先で分岐した待避線につながっている。これによって小田原方面の電車が待避線に、引上線からの電車が本線に同時に進入できる。上り待避線の新宿寄りに安全側線があるために冒進しても同時に進入した電車同士が衝突することはない

新宿寄りから見た本厚木駅。左に大きくカーブしている。上り線には安全側線がある

引上線の終端部

本厚木駅から小田原方を見る。Y形分岐の引上線があるが、上り本線はその手前で待避線へ分岐し、さらに引上線が合流した新宿寄りでも待避線へ分岐している。上り線側の本線、待避線は入換信号機によって引上線に入線ができる

京王井の頭線

井の頭線は渋谷―吉祥寺間12・7㎞の短い路線だが、急行が運転されている。待避追越駅は永福町一駅で、しかも島式ホーム2面4線だが、通常の形状にはなっていない。渋谷駅も少し変わっており、相対式ホームの明大前に非常渡り線があったりして、配線的には興味深いものがある。線路番号は下り線側から1番になっている。

渋谷

渋谷駅は頭端櫛形ホーム3面2線で海側の1番線に両側にホームがあって乗降分離がなされている。といっても降車客が多いので、海側にある降車ホームへの扉を開けてすぐに山側の乗車ホームの扉も開けて乗降を迅速に済ますようにしている。このため乗車しようとする客は降車が終了するまで扉の前で待っている。

2番線は乗降分離がなされていないが、吉祥寺寄り端部から終端向かって左側に斜めに線路

右：吉祥寺寄りから見た渋谷駅
右下：2番線を終端側から見る。外側へカーブさせて終端に行くほど1番線との間を広げている
左下：吉祥寺寄り端部はホームドアが設置されて、さらに狭くなったものの転落事故は皆無になった

を配置して、終端側改札口に行けば行くほどホームの幅が広がるようにしている。これによって後部車両から降りる人と前部車両から降りる人が重ならないようにして混雑を緩和させている。

折り返しの渡り線はシーサスポイントにしている。2番線の線路はシーサスポイントの交差部をまっすぐになるようにしているので転線による揺れは下り線との合流ポイントだけになっている。1番線に進入する電車はシーサスポイントの交差部に進入するときと下り線に合流するときの2回の揺れを感じるが、進出時は揺れることはない。

明大前駅の下り線から吉祥寺寄りにある逆渡り線を見る。井の頭線はATC化され車内信号方式になっているので信号機はないが、入換信号機の代わりとして線路脇に「出」のマークとその下に出発可否の表示器を設置して折り返しができるようにしている。奥の下り線のポイントの手前と先にも同様のマークと表示器が置かれている。渋谷寄りのほうは下り線の奥で引き上げで転線する

明大前駅の京王線乗越橋には井の頭線の上下線の左右に各1線の線路が通れるスペースが置かれている

駒場東大前駅の吉祥寺寄りにある逆渡り線。こちらには入換出発標識等はなく保守車両の転線用である。非常時に折り返しをするときは、運転指令と安全確認等を連絡しあう職員立ち合いに寄る手信号によって可能だが、この方法はまず行われない

駒場東大前

駒場東大前駅は島式ホーム1面2線だが、吉祥寺寄りに非常用の逆渡り線が設置されている。駒場駅の下りホームの下部の壁が残っている。同駅と東大前駅があまりにも近かったために昭和40年（1965）7月に両駅の中間に駒場東大前駅を設置して統合したものである。

渡り線は旧駒場駅付近にあるが、保守車両の転線用である。

明大前

明大前駅は掘割の中にあり、上部に京王線が交差している。井の頭線のホームは相対式になっている。平成29年11月に吉祥寺寄りに逆渡り線が設置された。これによって異常時に明大前で折り返すことができるようになった。

渋谷方面で運転支障があって走れなくなっても明大前駅で折り返しができれば、京王線に乗り換えて新宿経由で振替乗車によって渋谷に行けることになる。逆に吉祥寺方面で運転支障があっても新宿経由の迂回振替乗車で行ける。

吉祥寺方面からの折り返しは4番線で行う。渋谷方面の折り返しは一度明大前駅を通り越して下り本線上で折り返す。このため上下線ともポイントの手前に入換信号機が置かれている。

井の頭線が帝都電鉄として開業したときは同駅で山手急行電鉄と接続する予定だった。このために島式ホーム2面4線にできるように準備されていた。渋谷寄りの京王線をくぐる京王線乗越橋は複々線構造になっている。ただし当時のホームは今ほど広くとるようにしておらず、今後、島式ホーム2面4線にしたとしてもこの複々線構造を流用してできるものではない。

そこで急行運転を開始するときに車庫があった次の永福町駅の車庫を閉鎖してこのスペースを流用して島式ホーム2面4線にした。

永福町

永福町駅は急行が各停を追い越す緩急結合運転を行うために、前述のように島式ホーム2面4線になっている。

車庫は山側にあったので、上りホームが元の車庫用地に設置されている。駅自体は吉祥寺に向かって左に緩くカーブしていることと、何度も改良工事でわかりにくくなっているが、下りホームが開業当初からのホームである。

下り待避線の1番線が渋谷寄りで他にくらべて緩いカーブになっており、吉祥寺寄りはほぼ直線になっていることで、もともとのホームだったことがわかる。

車庫用地のすべてがホーム増設の用地に使われているわけではない。京王バスの車庫の用地や吉祥寺寄りにある保守基地にも流用されてい

左：吉祥寺寄りから見た永福町駅。上下本線が山側にシフトしているのがわかる。かつて右の下り線はまっすぐ進んでいた

右下：渋谷寄りから見た永福町駅。山側から元の上下線に戻るためにカーブしている

左下：永福町駅から吉祥寺方を見る。かつての車庫の残りのスペースの吉祥寺寄りは保守基地になっている。見えないがその横は京王バスの車庫になっている

る。上り待避線の４番線から保守基地の出入線が接続している。

永福町で急行に追い越された上り各停はすぐに発車できない。次の明大前駅にも急行が停車するので、すぐに発車しても明大前駅の手前で詰まってしまい入線待ちをしてしまうからである。そこで１分30秒程度待ってから発車している。

かつて昼間時は10分サイクルだったが、現在は７分30秒サイクルになったために、各停が渋谷到着時に次に走ってくる急行が追い付いてしまい、急行は渋谷手前で徐行運転をしている。明大前駅が島式ホーム２面４線にして急行は永福町駅を通過すればよかったとい

富士見ヶ丘寄りにある逆渡り線

吉祥寺寄りから見た富士見ヶ丘駅と富士見ヶ丘検車区。上下線間に引上線があるがＹ字分岐ではなく、下り線側と引上線間はシーサスポイントになっていて、その下り線は吉祥寺寄りで検車区への２線の入出庫線が分かれる。シーサスポイントを経由して上り本線への出庫ができる

富士見ヶ丘駅の上り線側から引上線等を見る。上り線と引上線は単なる渡り線だが、下り線と引上線はシーサスポイントで結ばれている。電車にさえぎられて見えないがシーサスポイントの吉祥寺寄りで富士見ヶ丘車庫への入出庫線が分岐している

える。また下りでは久我山駅の先で先行の各停に追いついてしまってやはり徐行運転をする。久我山駅を2面4線にしてここでも緩急接続をしたいところだが、明大前駅も久我山駅もそれをするには莫大な費用がかかるので、難しいところである。

富士見ヶ丘

富士見ヶ丘駅は車庫の富士見ヶ丘検車区が隣接している。駅自体は島式ホームだが、吉祥寺寄りに引上線があって、下り側はシーサスポイント、上り側は渡り線で本線とつながっている。その先の下り本線から車庫への2線の入出庫線が分かれている。

吉祥寺

吉祥寺駅は頭端相対式ホームで渋谷寄りにシーサスポイントが置かれている。このため交差支障率は50％である。

相対式ホームなので先に発車する電車と違うホームに行くと面倒なことになるが、改札口は終端側に1か所しかなく、どちらの線路から先に発車するかの表示がなされるので不都合はない。

吉祥寺駅は頭端相対式ホームでシーサスポイントで転線する

終端側から見た吉祥寺駅

京王電鉄京王線区

京王電鉄京王線区は京王線、高尾線、競馬場線、動物園線で構成されている。これに調布駅で分岐合流する相模原線がある。なお、京王八王子駅は八王子駅と省略する。

新宿―笹塚間が線路別の複々線になっており、もとからの線路を京王線、線増線を新線と呼び分けている。新宿駅も京王新宿駅と新線新宿駅と分けている。新宿―笹塚間で京王線にあった初台（地下）、幡ヶ谷（地上）の両駅は新線に移設され京王線にこの両駅はなくなった、ただし先に地下化されたものの初台駅の島式ホームは残っている。

新線新宿駅では都営新宿線と接続して相互直通運転を行っている。笹塚以西で分岐接続する各線は新宿方面と直通が可能な配線になっている。他と同様に八王子方面に向かって左側を山側、右側を海側として説明する。また、発着番線は海側から1番線として順に付番している。

右：京王線新宿駅の終端側から3番線を見る。右側は乗車ホームでホームドアがあり、左側は降車ホームで扉の位置を除いて柵を設置している
右下：同、1、2番線を見る。右が2番線、それに3番線の降車ホームで3番線も含めて2番線側も扉の位置を除いて柵がある。左のホームの2番線側は乗車用、1番線側は乗降兼用で両方ともホームドアがある
左下：線路をS字に曲げて10両分のホーム長さを確保している

ただし小田急のように乗降分離をしている駅では、乗り場案内番号と線路番号を分けておらず、2番線は2番線として案内している。

京王線新宿

京王線新宿駅は頭端櫛形ホーム3面3線で、JR側の1番線は片面しかホームはない。2、3番線は両側にホームがあって乗降分離をしている。ただし電車が到着して降車ホームの扉を開け、すぐに乗車側の扉も開けて降車を迅速にできるようにしている。

転線用のシーサスポイントが外方にあるだけなので、交差支障率は66・7%と高い。さらに新宿駅を出てすぐに右へカーブしているので、ここにシーサスポイントを置けず、200mほど離れた直線区間にシーサスポイントを置いている。交差支障をする新宿発の電車がこのシーサスポイントを通り抜けるまで、新宿駅への進入電車は信号待ちをする。

交差支障率が高いのと支障時間が長いために、朝ラッシュ時などではほとんどの電車が信号待

左：3番線乗車ホームと新線ホームへの通路から1〜3番線を見る。10両編成化前はこのあたりで2線に収束してシーサスポイントがあった
右下：新宿駅のホームを出るとすぐに急カーブしていく
左下：大きくカーブした先の新宿駅から200m離れた直線のところにシーサスポイントがある

ちをする。交差支障がないのは3番線の到着だけだが、3番線の発着頻度は高く、3番線に次に到着する電車でも3番線に停車している先に発車する電車がシーサスポイントを通過するまで信号待ちをしていることが多い。とはいえ、逆にこのた短所を長所に生かしていることもある。交差支障を起こす3番線と1、2番線との間ではシーサスポイントと発着ホームとの間が離れているので、1、2番線に到着しようとする電車がシーサスポイントを通過しているときに、3番線の電車が発車することがある。3番線の電車がシーサスポイントにかかるときには、すでに1、2番線に到着する電車はシーサスポイントを通過してしまっているから、3番線を発車した電車は邪魔されずに下り線に転線できる。このような手法は他の路線では真似できない。

新宿地下駅はもともと18m中形車6両編成対応の櫛形ホーム5面4線だった。これを無理して中形車7両編成対応用にホームを延伸したが、さらに20m大形車10両編成対応にすることになり、当初にあったシーサスポイントの先までホー

右：笹塚寄りから見た新線新宿駅。引上線からの下り線へ渡り線が合流している
右下：新線新宿駅から笹塚方を見る。引上線に都営新宿線だけを走る京王9000系が引上線に停車し折返待ちをしている。渡り線は111ページの図のようにシーサスポイントを挟んだ配線になっている
左下：京王線側に残っている旧初台駅の島式ホーム

ムを延伸した。

それでも足らないので発着線を4線から3線に変更して、ホームをカーブさせて10両対応にした。このためシーサスポイントが200mも八王子寄りに移設せざるを得なかった。しかもそのシーサスポイントを設置する位置の勾配を緩くする工事を行った。

近鉄京都駅では左急カーブ上に特殊なシーサスポイントを置いている。京王でもやってやれないことはないが、地下線なのでトンネルの拡幅もしなければならず、この方式をとらなかった。

それでも京王線のネックになっているので、終端側をもっと奥に伸ばして、シーサスポイントをホーム近くに置くことが考えられている。その場合は都営地下駐車場をホームにする必要がある。その同意を東京都に打診しているところである。

京王新宿駅頭端側に狭い階段を登る降車用改札口がある。昼間時でも混んでいるので、朝ラッシュ時には別の位置にも降車用改札口を設置して開けている。さらに混雑を助長しないように、新宿寄り先頭車を女性専用車にして通常よりも車内が混まないようにしている。

終端位置をもっと奥まで延ばしたときには、今よりも広く、しかも乗車もできる改札口が設置されることが考えられている。

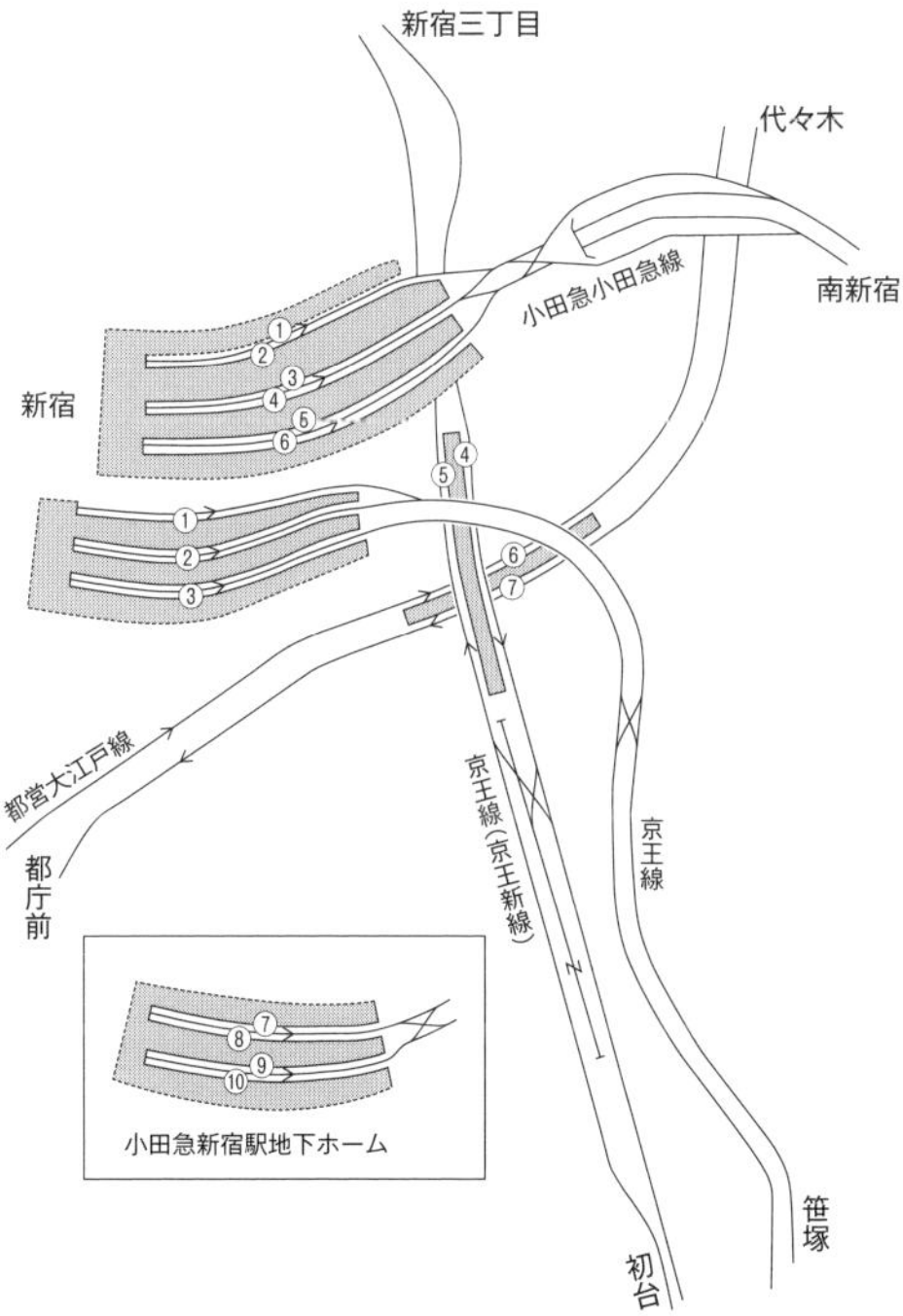

新線新宿

新線新宿駅は島式ホーム2面2線で、八王子寄りに都営線電車用の引上線が設置されている。下り線側はシーサスポイントで接続している。

上り線への接続線の途中にトロリー車の留置線がある。東京都交通局では保守用の自走車両のことをトロリー車という。このトロリー車にもシーサスポイントが使われる。

都営新宿線側は上下線がそれぞれ単線シールドトンネルになって新宿三丁目に向かっているために渡り線やシーサスポイントはない。単線シールドトンネルにしたのはJR線の地下などには埋設物が多く、また上越新幹線の駅を地下に設置することになっており、それを避けるためでもある。

笹塚

新線にある初台駅は上下2段式の地下駅になっている。幡ヶ谷駅は上下線同一平面の相対式ホームである。

京王線のほうは幡ヶ谷駅の先で上下線が広がっ

右：京王線下り線、新線上下線の３線が地下に潜っても、京王線上り線だけは300ｍほど地上を走って、地下の新線と立体交差してから地下に潜っている。その間に１か所の踏切が設置されている

右下：笹塚駅から上り新宿方を見る。左が京王線上り線、右が新線、両線間に幅が広いシーサスポイントが置かれている

左下：笹塚駅から八王子方を見る。左から京王線下り線、２線の新線引上線、京王線上り線、新線から上下の京王線への渡り線があり、２線の引上線間にはシーサスポイントがある

て上り線のほうが先に地上に出る。地上に出たところで地下線の新線が京王線上り線と立体交差する。その上り線には甲州街道から南へ抜ける歩行者用踏切が置かれている。手前の同じような道路は歩道橋で京王線を乗り越しているが、スペースがないためかこちらでは踏切のままになっている。

京王新線は京王線下り線と並行して地上に出て高架になって笹塚駅に達する。

笹塚駅は方向別の島式ホーム2面4線になっている。八王子寄りに新線折返用の引上線2線がある。新線の上下線は京王線につながっている。新宿寄り上り線側では新線と京王線の間隔が広がったままで、そこに幅広いシーサスポイントが置かれている。

外側が京王線、内側が新線の発着線だが、始終発時に内側から京王新宿行、外側から新線新宿方面行が設定されている。笹塚始発の京王新宿行は引上線から笹塚駅に入線するので内側の3番線に停車せざるを得ない。新線方面が外側から発車するのは内側にも新線行が停車していて入れないためである。

明大前

明大前駅は相対式ホーム2面2線だが、現在、連続立体交差事業で高架化される工事が始まっており、完成すると島式ホーム2面4線になる。緩急接続ができるとともに、朝ラッシュ時上りでは交互発着をして、ダンゴ運転が解消される。

桜上水

桜上水駅は島式ホーム2面4線で緩急接続ができるとともに朝ラッシュ時上りでは交互発着をしてダンゴ運転を緩和している。しかし、明大前駅が交互発着できない現在はそれほど効果がない。特急は桜上水駅を通過するが、朝ラッシュ時では扉を開けずに停車して信号待ちをすることがある。

山側に車庫（若葉台検車区桜上水派出所）があり、新宿寄り山側に引上線（6番線）が1線置かれている。引上線は上り待避線から分かれるが、上り本線との間にシーサスポイントが置かれている。下り待避線が分かれた内方に逆渡り線が置かれ、引上線は下り本線とも行き来できる。

6番引上線の山側に車庫内の引上線である7、8番線が並んでいる。7番、8番線はシー

明大前手前で京王ライナーに追いついた特急から見る。新ATCが設置された京王線なので京王ライナーと特急の間隔を短くできる。明大前駅は高架化されて島式ホーム2面4線になる予定だが、明大前付近ではそのための仮線の用地は確保さえ、ほとんどなされていない

新宿寄りから見た桜上水駅。右側の上り線の隣の線路は6番引上線で待避線との間にシーサスポイントがある。6番引上線の隣には7、8番留置線がある。左側にあった保守用横取線は撤去され、線路脇の民家とともに仮線用地になっている

右側のシーサスポイントの交差部の線路はまっすぐ進んで、7、8番線と待避線、それに八王子寄りにある留置線（10〜13番線）への線路とで構成されている、もう一つのシーサスポイントにシングルスリップスイッチでつながっている。手前のシーサスポイントの奥で上り本線側から下り本線側への逆渡り線があり、引上線から上り本線に進入する電車と、左側の待避線に進入する電車と競合しない配線になっている

サスポイントで往来できるとともに、このシーサスポイントはシングルスリップスイッチと片渡り線の組み合わせで上り待避線と接続している。

ホームの新宿寄り端部付近から八王子方面に向かって10番線から14番線までの5線の留置線と上り待避線から分かれる引上線（9番線）の1線の計6線が並んでいる。八王子寄りの上下線間に逆渡り線がある。

八幡山

八幡山駅は内側に停車線、外側に通過線がある島式ホーム1面4線だが、上り通過線は直線でも、下り通過線は海側に大きく膨らんでいる。

下を環状8号が交差しており、このために昭和45年（1970）7月に高架化された。高架化時は相対式ホーム2面2線だったが、その後、下りホームを島式にして2面3線のJR形配線にして、基本的に中線で上り各停が待避して優等列車が追い抜いていた。

さらに下り通過線を設けて上下線とも待避追越ができるようにした。このときしばらくは上

左：八王子寄りから見た桜上水駅。外方に逆渡り線がある。左側に9～13番の留置線がある。9番線は上り待避線と合流し、他は1線に収束して新宿寄りの6～8番線につながっている

右下：新宿寄りから見た八幡山駅。上り本線が直線、下り本線は緩いカーブで海側に大きく膨らませた通過線になっている。その間に島式ホームに挟まれた待避用の上下副本線がある

左下：八王子寄りから見た八幡山駅。下り各停が出発しているが、先頭車はすでに下り本線に転線して下り待避線は見えないが、下り本線は緩くカーブしてそこに下り待避線が合流している。右側の広がっている路盤に留置線があった

り片面ホームは残っていたが、現在は撤去されている。

笹塚―調布間を複々線化する予定だったので、複々線化後に海側に下り急行線と緩行線にする前提で、八王子寄りに10両編成対応の引上線を設置した。しかし、複々線化は中止になり、連続立体交差による高架線は現在線の上に設置することになって、引上線は閉鎖され、引上線の高架線そのものを撤去する工事が始まっている。

この引上線を本線化したほうが安上がりだと思うが、芦花公園駅付近の高架化後に行われる駅前再開発の計画も変更しないといけないので撤去される。せっかく造ったものを壊すのは少々もったいないないように思えてならない。

なお、連続立体交差事業は笹塚駅の八王子寄りから仙川駅までである。仙川駅は掘割にあり、その先は地形が下がっているので盛土になっているのでつつじヶ丘駅手前までは立体交差している。

八幡山駅の２線の留置線はすでに撤去されている。現在は高架橋自体の撤去が始まっている

撤去前の八幡山駅の留置線。右う一つの複線高架を設置して複々線にするつもりだった

現在の工事は主に海側に設置する仮線の用地を確保するために買収した民家等を撤去する工事が行われている。高架化が完成すると仮線は側道になる。

つつじヶ丘

つつじヶ丘駅は島式ホーム2面4線で、新宿寄りに逆渡り線があって下り待避線は新宿方面に折り返しができる。

八王子寄り海側には引上線がある。引上線と下り本線それに待避線はシーサスポイントで接続している。また待避線の内方に逆渡り線がある。

朝のラッシュ時上りにつつじヶ丘始発新宿方面への電車が設定され、つつじヶ丘以西で座れなかった人のために着席できるようにしている。しかし年々その運転本数は減り、ライナーの運転開始もあって、現在の朝ラッシュ時には新宿行各停と本八幡行急行が各1本あるだけになっている。

少し前まで相模原線には調布行、あ

新宿寄りから見たつつじヶ丘駅。外方に逆渡り線があり、下り待避線から転線して折り返しができるとともに、上り線側で八王子方面に向いた入換信号機があって上り本線に引き上げて逆渡り線で下り線に転線することもできる

つつじヶ丘駅から八王子方を見る。内方に逆渡り線があり、下り線側は待避線と本線、それに引上線によるシーサスポイントがある。引上線は1線だが保守用留置線も1線置かれている。下り本線の八王子方にATCの出発標識と引上線への転線用入換信号機が置かれている。また、内方に逆渡り線があるため引上線から本線3番線に電車が進入するとき、八王子方面が待避線に入って競合を避けられようにしている

るいは調布始発が主に夕夜間に設定されていた。調布駅が地下化されてもそれらはあった。しかし地下化後の調布駅は上下2段式になっていて引上線がない。調布行はつつじヶ丘駅まで回送されて3番線に停車、回送だから乗降時間をとる必要はなく、迅速に調布駅に向かって折り返していた。

現在は、下り快速については調布駅で京王線特急に接続後、つつじヶ丘行として営業運転し、折返は調布まで回送で走り、調布始発橋本あるいは多摩センター行各停、あるいは高尾山口行として運転されている。

調布

調布駅は地下化され下り線は地下2階、上り線は地下3階にそれぞれ島式ホーム1面2線がある。地平時代は京王線下りと相模原線上りが平面交差していて交差支障があった。上下2段にすることによって交差支障は解消された。

しかし、地平時代は新宿寄りに引上線はないものの、京王線上り本線を引上線代わりにして

右：新宿寄りから見た下り調布駅
右下：下り線の調布駅寄りから八王子・橋本寄りを見る。シーサスポイントで相模原線と京王線が分岐している。上部の京王上り線と地上で複線になるために、京王下り線は少し進んで右に寄せている。シーサスポイントの上部に上り京王線が通っている
左下：八王子寄りで特急の先頭車から見た上り調布駅。上り2番線は京王上り本線と直線、1番線は分岐するがまっすぐ進ませてホームを膨らませている。2番線に相模原線の特急が停車しているために八王子発特急は珍しく1番線に停車する。相模原線特急は八王子発特急と接続せずに発車してしまい、その後、この八王子発の特急は同じ八王子発の京王ライナーを待避する

京王線と相模原線の両線と折り返しができていた。現在はそれができないために、つつじヶ丘駅の項で述べたように同駅まで行って折り返している。

八王子・橋本寄りに上下線ともシーサスポイントが置かれている。基本的には山側を京王線電車、海側を相模原線電車が発着するが、必ずしもそうとは決まっていない。特にライナーは橋本発着でも八王子発着でも同駅で特急を追い越すために発着線が逆転する。

基本的には京王線特急が相模原線の快速や区間急行と接続する。下りではほぼ同時発車するが上りでは特急が先着してから相模原線の快速や区間急行が入線するようにしている。新宿寄りに安全側線がないために同時進入して両線の電車が冒進してしまうと大事故になるからである。

調布駅で京王線特急と各停との緩急接続はしていない。特急はつつじヶ丘駅で各停を追い抜くと次は府中駅でその先を走っている各停を追い抜いている。上りも同様に府中駅とつつじヶ丘駅で各停を追い抜いている。

左：新宿寄りから見た飛田給駅。JR形配線になっている。手前の順渡り線と右側の待避線のポイントはフロントノーズ可動式弾性ポイントになっている

右下：八王子寄りから見た飛田給駅。八王子側のポイントは弾性ポイントだがフロントノーズは可動式になっていない。逆渡り線の八王子寄りに入換信号機があり、下り本線上に引き上げて上り線に転線できるようにしている

左下：新宿寄りから見た東府中駅。逆渡り線の上り線に入換信号機があって上り本線上に引き上げて八王子方面下り線に転線できるようにしている

このためどうしても下りは府中駅手前で、上りはつつじヶ丘駅手前で各停に追いついてしまって徐行運転をしている。

飛田給

飛田給駅は下り線が片面ホーム、上り線が島式ホームにしたJR形配線なっている。基本的には島式ホームの内側の2番線が上り本線、外側の3番線が上り待避線だが、2番線で下り各停などが停車して1番線を追い越し電車が走ることもできる。

山側の甲州街道の北側に味の素スタジアムがあって2番線は臨時電車の折返用にも使えるようになっているが、常時行っているのは朝ラッシュ時上り各停が3番線に停まって2番線を走り抜ける優等列車を待避していることである。

前述したように府中駅で各停を追い抜くと次の追越駅がつつじがヶ丘駅では、運転サイクルが短くなっている朝ラッシュ時では優等列車が遅くなってしまうために飛田給駅で追い越している。

休日の夕方には上りに座席指定のライナー「マウント高尾」号が2本運転され、これを飛田給駅で待避する各停が2本ある。

以前には多摩動物公園発新宿行急行や府中競馬場発新宿行急行が運転されていたときも飛田給駅で特急、準特急、急行を上り各停が待避していたが、最近はこれら臨時急行は運転されなくなって待避することはなくなった。

新宿寄りの各ポイントはノーズ可動式を採用している。これによってポイント通過時の揺れと騒音穂軽減しているが、といって乗っていてわかるほどの揺れや騒音の軽減はあまりない。京急と同様に京王線も本線と分岐する。各ポイントは弾性ポイントを採用している。弾性ポイントは保守作業の軽減にも役立っている。

東府中・府中競馬正門前

東府中駅で競馬場線が分岐している。最近は直通急行の運転はないが、直通運転できるように下り線側は島式ホームになっている。新宿発府中競馬正門前行は島式ホームの外側の2番線で発着する。競馬場線の上り線は京王線上り本線と平面交差しており、交差支障を起こしている。

競馬場線内運転の電車は海側にある短い片面ホームの1番線で発着している。競馬場線だけによる複線になったところに順渡り線がある。通常は2両編成だが、競馬開催時には8両編成や10両編成が走る。このときは2番線で発着する。直通電車の新宿行も2番線から発着することもある。このために新宿寄りに順渡り線がある。

府中競馬正門前駅は10両編成が停まれる井の頭線渋谷駅と同様な櫛形ホーム2面2線の配線になっていて、1番線は乗降分離の両側ホーム、

左：東府中駅から八王子・府中競馬正門前方を見る。競馬場線の上り線は京王線下り線と平面交差している

右下：八王子寄りから東府中駅を見る。右端に通常時に走る2両編成の競馬場線電車用の短いホームがある

左下：府中競馬正門前駅。左の1番線は両側ホームになっており、2番線は井の頭線の渋谷駅と同様に奥で右にカーブしてホーム幅を広げている

2番線は終端に向かうほどホーム幅が広くなっていく。

府中

府中駅は島式ホーム2面4線で八王子寄りと新宿寄りの両方に逆渡り線がある。下り本線と待避線はホーム上で新宿方面に折り返しは信号回路上において可能だが、府中駅折返の電車は現在はない。定期列車としてあったとしても、下りホームで折り返さず、一度八王子寄りの下り本線に引き上げてそこにある逆渡り線を通って上りホームの3、4番線から発車する。下りホームで折り返すのは非常時だけである。

上りホームからは八王子方面への折り返しは信号回路上、できないようになっている。折り返す場合は新宿寄り上り本線に引き上げて、下りホーム転線して八王子方面に出発する。

高幡不動駅は動物園線の分岐接続駅である。同駅については『配線から読み解く鉄道の魅力2』を参照していただきたい。

右：新宿寄りから見た府中駅。外方の逆渡り線の上り本線接続部に入換信号機がある
右下：府中駅から新宿方を見る。右の上り本線から新宿方面に向けて「出」のマークがあって新宿方面に折り返しができる。上り線の3、4番線の八王子方面には「出」のマークはない
左下：八王子寄りから見た府中駅。やはり逆渡り線の下り線側に入換信号機がある

北野

北野駅は高尾線との分岐駅である。高尾線が開通したころは地上にあって東府中駅のような分岐をしていて、下りホームは島式になっていた。海側が高尾線内運転の各停が発着していた。

あたりは野原か田園地帯で寂しい駅だった。現在は中層マンションが林立していて、高尾・八王子寄りに16号バイパスができたために高架化された。島式ホーム2面4線で方向別ホームになっている。下りは基本的に海側の1番線が高尾方面、山側の2番線が八王子行になっているが、必ずしもそうはなっておらず、1番線から八王子行、2番線から高尾方面の電車が発着することもある。

上りでは内側が高尾山口発か八王子発の優等列車が発着し、外側の4番線は高尾方面か八王子発の各停が停車して、高尾方面発各停は八王子発の優等列車、八王子発の各停は高尾山口発の優等列車に接続するようにしている。しかし、優等列車に接続せずに、そのまま先発する各停も朝ラッシュ時にはある。

左：新宿寄りから見た北野駅。やはり逆渡り線の上り線側に入換信号機があって、八王子・高尾方面に折り返しができる
右下：高尾寄りから見た北野駅。高尾線と八王子方面の電車が同時進入できない配線になっている。下り八王子行の線路と上り高尾線はシングルスリップスイッチで交差している。このため高尾線から北野駅の1、2番線に進入できる
左下：八王子寄りから見た北野駅。手前で合流している線路は保守基地からのもの

朝ラッシュ時には北野駅折返も設定されている。この場合、上り本線に引き上げて、新宿寄りにある逆渡り線で下り線に転線して基本的に1番線に入線して折り返している。

上りでは八王子からと高尾方面からの電車のいずれかが到着してから、別の方面への電車が到着する。新宿寄りに安全側線がないのと高尾・八王子寄りで両線の進入電車が交差支障を起こす配線になっているために同時進入を避けてずらして入線している。

しかし、下り線では同時発車するのがほとんどである。しかも先に各停が到着して、次に特急が到着して各停と接続する。乗換時間は30秒程度しかないからゆっくりと乗り換えはできない。同時発車はするが、高尾方面の電車はどうしても左にカーブするために徐行するので、八王子行が先に行ってしまう。

京王線と高尾線の間には保守基地が置かれている。

八王子

右：北野駅から八王子・高尾方を見る。両方面へは同時発車ができる配線になっているが、高尾方面は左側にやや曲がるので速度を落とす。このため八王子方面が先に行ってしまう

右下：北野駅の下り線では八王子・高尾方面のいずれかの特急と各停が同時発車する

左下：めずらしく2番線から発車する高尾山口行

八王子駅は島式ホーム1面2線で手前にシーサスポイントがある。ホームを曲げて10両編成が停まれるようにするとともに、終端はホームがなくなると線路もなくなっている。冒進余裕はほとんどなく進入速度は遅く、停まる寸前は非常にゆっくりと進んでいく。

高尾線

ポイントがある駅は高尾駅と高尾山口駅だけである。ただし狭間駅の高尾寄り山側に横取線がある。

山田駅の高尾寄りに右に折れる路盤跡らしきものがある。これは戦前に開通していた御陵線の路盤跡である。

めじろ台駅は島式ホーム2面4線にする準備がなされていた。現在でも片面ホームの反対側に線路が敷けるように掘割の土手とホームの間にくぼみがある。

高尾駅は島式ホーム1面2線で新宿寄りに順渡り線がある。高尾折返の各停が設定され、順渡り線を通って下り2番線で折り返している。

左：新宿寄りから見た八王子駅。海側の１番線が直線、２番線が膨らんでいる
右下：１番線はホームの途中から右カーブして10両分の長さを確保している。２番線も同様である
左下：終端寄りから見た八王子駅。左に京王ライナーが停車しているが、八王子駅からはほぼどの電車でも座れるから乗る人は少ない。また、冒進余裕はほとんどなく10両編成は終端ぎりぎりまで進んで停まる

ホームは二つの三角形を合わせて伸ばしたような形でホーム中心で曲がっている。これによって10両編成ぶんの長さを確保している。高尾山口駅まで単線なので、高尾駅で行違うことが多い。高尾山口寄りの下り線に安全側線がなく、10両編成の電車のためのホームの長さの余裕がなく、八王子駅と同様に停車電車はゆっくりと進入する。

高尾駅の南口は京王が、北口はＪＲが管理運営をしている。高尾駅では南北自由通路がなく、南口と北口を行き来するには、大変な距離を迂回するか、入場券を買って駅構内を通り抜けるしかない。

そこで高尾山口寄りに改札口と自由通路を設置してＪＲ中央線とともに共用のコンコース（中央線側は橋上駅舎化する）をする予定もあるが、これに対応して改札内のトイレを移設した以外、なにも手を付けられていない。

高尾山口駅は島式ホーム１面２線になっており、やはり10両編成ぶんの長さを確保するためにホームを曲げている。そして終端部には冒進

右：新宿寄りから見ためじろ台駅。島式ホーム２面４線にする予定があったのがわかる
右下：高尾駅の新宿寄りには順渡り線があり、高尾折り返しの電車は２番線に停車する。やはり限られたスペースで10両編成が停まれるホームにするために上下線ともカーブさせている
左下：高尾駅から高尾山口方を見る。高尾駅からは単線になる。ホーム先端は非常に狭い。10両編成の電車はホーム端部のきぎりぎりに停車する

余裕がほとんどないので、同駅でも電車はゆっくりと進入する。

京王電鉄の終点駅で10両編成に対応した冒進余裕がある駅は相模原線の橋本駅しかない。

橋本駅は終端側にホームがなくなっても線路は20mほど伸び、その先も高架路盤が10mほど伸びている。このため比較的高速で駅に進入している。

冒進余裕の2線の線路は収束するかのように曲がっている。

かつて、橋本駅から津久井湖畔の相模中野駅まで単線で延伸する予定で免許を取得していた。免許は失効したがそれでも伸ばせるようにした終端構造になっていると思えてならない。

ただし前方にはそれを阻止するかのように中層マンションが建っている。それでも急カーブでマンションを避ければ相模中野方面への延伸はできよう。

左：高尾山口駅は島式ホーム1面2線でやはりホーム端は非常に狭くなっている

右下：高尾山口駅の終端部。ホームの端部はやはり狭く10両編成の電車はギリギリ停まる。車止めには衝突したときに被害を軽減するためにバッファ式になっている

左下：相模原線橋本駅は当初から10両編成が停まれるようにしているために充分な冒進余裕がある。この先の延伸を阻止するように中層マンションが終端部の向こうに建っている

西武鉄道新宿線区

西武鉄道の新宿線は西武新宿—本川越間47・5㎞の路線で、新宿線がいわば本線となって多くの支線と接続している。支線と言うべき路線は、拝島線小平—拝島間14・3㎞、多摩湖線国分寺—萩山—多摩湖間2・4㎞、国分寺線国分寺—東村山間7・8㎞、西武園線東村山—西武園間2・4㎞であり、これら路線を含めて総称して新宿線区と呼ばれている。

新宿線の小平駅で拝島線が分岐して西武新宿駅から拝島駅まで直通電車が走る。その拝島線は小平駅の次の駅である萩山駅で西武多摩川線と接続している。以前は西武新宿駅から多摩湖まで直通運転していた。このときは拝島発着の電車と西武新宿—萩山間で併結運転して萩山駅で分割併合をしていた。

現在の列車種別は各停、準急、急行、通勤急行、快速急行、拝島ライナー、特急「小江戸」の7種類がある。

東村山駅では国分寺線と新宿線の本川越方面との間や西武園線と、そして西武新宿駅と西武園線と直通運転していたが、東村山駅が連続立体交差事業で高架化工事を現在行っているために高架化が完成するまで直通運転は休止になっている。

新宿線でもっとも特徴的なのは島式ホーム2面4線の待避追越駅はほとんどなく島式ホーム2面3線もしくは相対式ホーム2面3線になっている駅が多いことである。

島式ホーム2面4線の駅は東伏見駅と小平駅、新所沢駅だけであり、小平駅は拝島線との分岐駅なので待避追越駅ではなく、純然たる待避追越駅で島式ホーム2面4線になっているのは東伏見駅と新所沢駅だけである。

国分寺線と拝島線は小川駅で接続しており、拝島線の西武新宿方面と国分寺線の東村山方面、拝島線の拝島方面と国分寺線の国分寺方面による方向別島式ホーム2面4線になっている。所沢駅で池袋線と交差接続している。新宿線だけ見れば相対式ホーム2面2線の単純な配線だが、西武新宿駅と池袋線の飯能方面との直通電車が時折運転されるために、それが可能な配線になっている。さらに西武新宿方面と池袋方面との直通も可能な配線である。

西武鉄道についても本川越に向かって左側を海側、右側を山側として説明する。西武鉄道の線路番号の付番はJRと同様に駅本屋、つまり駅長室側の線路から1番線にしている。西武新宿線については基本的に海側（下り線側）の線路から1番線にしているが、西武新宿、下落合、鷺ノ宮、西武柳沢、田無、入曽の6駅は山側が1番線になっている。

高田馬場駅は山手線との連番で3番線から始まっているが、上り線はホームが両側にあり、朝ラッシュ時は電車の両側の扉が開く。海側が降車用の4番乗り場、常時扉が開く山側が5番乗り場にしている。ただし線路番号は海側の下り線が1番線、山側の上線が2番線である。

新宿線全通当初ではほとんどの駅が島式ホームだった

新宿線の東村山―本川越間は川越鉄道の国分寺―川越（現本川越）間の一部区間として明治期に建設されたものである。国分寺駅で甲武鉄道（現中央本線）と接続して川越までの、いわば甲武鉄道の支線として川越鉄道が、まずは国分寺―久米川（仮駅）間を明治24年（1894）12月に開業した。

久米川仮駅は東村山―所沢間の柳瀬川南岸にあった。柳瀬川橋梁を完成させて翌25年3

月に川越駅まで全通した。中間駅は小川、所沢、入曽、入間川の4駅しかなく、単線の蒸気鉄道だった。明治28年8月に東村山駅、30年11月に南大塚駅が開設された。

大正9年（1920）9月に電力会社の武蔵水電が川越鉄道を吸収合併した。武蔵水電は軌道（路面電車のこと）の大宮―川越久保町間の川越電気鉄道も吸収しており、新宿―田無間の軌道特許を持つ西武軌道を子会社化した。また、井荻、東村山経由の吉祥寺―箱根ヶ崎間の免許を持つ村山軽便鉄道からこの免許を譲受した。

しかし、この武蔵水電も帝国電灯に吸収合併され、その帝国電灯もさらに大手の東京電灯に吸収された。

東京電灯は本業の電力供給事業を強化するため鉄軌道事業を分社化する方針で、西武鉄道を設立して鉄道事業を譲渡した。

西武鉄道は大正14年（1925）1月に戸塚町（高田馬場）―井荻間の鉄道免許を取得、さらに15年2月に早稲田―高田馬場間の地下線の免許を取得した。吉祥寺―箱根ヶ崎間の免許と合わせて、まずは高田馬場―東村山間を複線電化路線として着工、昭和2年（1927）4月に東村山―高田馬場仮駅間の村山線が開通、山手線の下をくぐって現在の位置に高田馬場駅本駅が完成したのは昭和3年4月である。

昭和2年4月に旧川越鉄道の東村山―川越間も電化されて、高田馬場―川越間で電車運転を開始した。高田馬場―東村山間では都立家政駅以外のすべての駅が開通時に開設されている。しかもほとんどが島式ホーム1面2線だった。都立家政駅は12年12月に府立家政駅として開設され、18年に都立家政駅に改称している。

池袋線を核にした武蔵野鉄道は赤字路線だった。これを堤康次郎率いる箱根土地が武蔵野鉄道の安値株を買い集めて武蔵野鉄道を傘下に収めた。そして陸上交通調整法をもとにして西武鉄道を吸収合併した。合併したのは戦後直後の昭和20年9月、社名は西武農業鉄道とした。21年11月に農業の文字をなくして西武鉄道に改称した。また、村山線は東村山—本川越間と合わせて新宿線とした。

昭和23年3月に高田馬場—新宿間の免許を取得したものの、地下鉄丸ノ内線の新宿駅建設のために手前の歌舞伎町付近に新宿駅仮駅を設置して27年3月に仮開業した。しかし、当初考えられていた新宿ターミナルビル（現ルミネエスト）への乗り入れでは手狭で6両編成しか乗り入れることができず、結局、新宿仮駅を本駅にした西武新宿駅として現在に至っている。

西武新宿線は山手線と並行しいるために右側（海側）の３番線が直線、山側の１番線はシーサスポイントの先で東側に膨らんでいく。この結果、中央の２番線はＹ形ではなく「ト」の字形配線で１、３番線と分岐接続している。なお、他のJR各線が新宿駅に乗り入れてくるので山手貨物線は東側に膨らんでいくために新宿線も終端寄りは東側に寄っていく

プリンスホテルから見た西武新宿線の北端部。配線構造がよくわかる。左側に埼京線電車や湘南新宿ラインが走る山手貨物線、それに山手旅客線が並行し、山手貨物線の新大久保駅が見えている

終端部から本川越方向を見る。３番線は少し北側に終端部があり、全発着線は途中から右にカーブしているが、ホームドアが設置されたためにわかりにくくなっている

西武新宿

西武新宿駅は青梅街道から60m北までが広場になっており、そこから西武プリンスホテルの2階にホームがあり、プリンスホテル内に入っても50mほど奥に改札口がある。

頭端櫛形ホーム2面3線で東端に片面ホームに面した1番線、その隣に島式ホームの内側に面した2番線、そして外側に面した3番線がある各ホームは10両編成分の長さがあるが、1番線はやや北側にずれている。各ホームの端部にも北口改札への階段がある。

2番線は「ト」の字形配線で1、3番線とつながっており、その先にシーサスポイントがあるため、各線の発着のときの交差支障率は50%になっている。

高田馬場

上り線は片面ホームと島式ホームに挟まれており、下り線は島式ホームの外側に面している。下り線に面したホームは新宿寄りに2両分程度ずれている。

左：西武新宿寄りから見た高田馬場駅。上り線は両側でホームにはさまれている。左側のホームドアと電車の扉は朝ラッシュ時だけ開く。左の下り線は西武新宿寄りに少しずれているのがわかる

右下：本川越寄りから見た高田馬場駅。山手線をくぐるために一度左に寄ってから右に大きくカーブする

左下：西武新宿線は複々線の山手線の下をカーブしながらくぐっていく。走っているのは特急「小江戸」本川越行。上は山手貨物線を走る「成田エクスプレス」

開設当初は島式ホーム1面2線だったが、手狭なホームのために混雑するようになってきたので、昭和38年に上り線の外側に片面ホームを増設して上り線の乗降ホームにした。ただし朝ラッシュ時は旧島式ホーム側の扉も開けて上り電車の降車用にして停車時間を短縮をしている。

本川越寄りで線路は右にカーブして進み、ホームがなくなって早稲田通りを跨いだ先で30・3‰で下りながら、半径158mの急カーブ左に大きく曲がって山手線をくぐる。急勾配と急カーブを進むので制限速度は30㎞である。

中井

西向きになって下落合駅の次の中井駅は相対式ホーム2面3線の追越駅になっている。片面ホームに面した上下の停車線の間にある中線が上下電車共用の通過線である。駅の西武新宿寄りで緩く右カーブしているので上り線側の通過線に停車線が合流する形になっている。

下り線側では停車線が直線、通過線が片開きになっているが、その先では通過線が直線で進

左：中井駅から西武新宿方を見る。カーブしているので上り待避線は通過線に合流する形に、下り待避線では通過線が分岐する形になっている
右下：同、本川越方を見る。通過線はＹ字両開き分岐で上下待避線と合流する
左下：西武新宿寄りから見た地下化工事中の沼袋駅。通過線は中井駅と同様に上下共用の1線になり、左カーブしているために通過線への分岐は30㎞制限を受ける

んで上り線側が合流する。停車線は直線から右カーブして通過線と並行するようになる。

本川越寄りでは通過線がY字状に上下停車線と合流する。3組のポイントはそれぞれ両側分岐になっている。基本的に朝ラッシュ時は上りの各停、夕ラッシュ時は下りの各停が優等列車を待避する。通過電車に対しては50㎞の速度制限を受けている。

開業時は島式ホームだったのを昭和38年11月に現在の相対式ホーム2面3線に改造された。

沼袋

沼袋駅も中井駅と同様に相対式ホーム2面3線の追越駅になっている。西武新宿寄りは左に緩くカーブしており、下り線側は停車線が左に片開き分岐、上り線側は通過線が左に片開き分岐してのちにまっすぐ進んで、下り線からの通過線が片開きポイントで合流している。本川越寄りでは中井駅と同様にY形分岐で合流している。

現在、連続立体交差事業で地下線化工事が行われている。完成は令和9年度とされており、

右：沼袋駅から本川越方を見る。本川越寄りはY形配線で通過線は分岐合流をしている
右下：新幹線タイプの相対式ホーム2面4線だったころの沼袋駅
左下：西武新宿寄りから見た鷺ノ宮駅。右の上りホームがもとからあった島式ホーム、左の下りホームは西武新宿寄りにずれている

完成後は島式ホーム2面4線になる。このことから準急などが停車して緩急接続をする可能性がある。

平成29年（２０１７）４月に地下化工事が始まった。それまでは新幹線の多くの駅と同様に上下線とも停車線と通過線がある相対式ホーム２面４線の駅だった。

もともとは島式ホーム１面２線と上り線の外側に貨物用の側線があった。昭和30年（１９５５）に、この側線を本線の通過線にするとともに、下り線の外側にも通過線を設置して、新宿線で最初の急行の追越駅にした。

しかし、西武新宿寄りに東京電力の高圧送電線があるために、下り通過線はかなりきついポイントで停車線から分岐することになったために、通過線へのポイントの制限速度は30㎞だった。このため各停を追い越さない優等列車は停車線を通っていた。

これを昭和58年（１９８３）11月に新幹線大部の追越駅に変更したのである。

左：鷺ノ宮駅から西武新宿方を見る。右の中線は西武新宿方に折り返しができるように出発信号機と逆渡り線がある

右下：本川越寄りから見た鷺ノ宮駅。本川越寄りには渡り線はなく上り線には本川越方への出発信号機もない

左下：西武新宿寄りから見た井荻駅。通過線が上り線側で直線になっていて下り線から通過線へは片渡り線でつながっている。本川越寄りも同様に通過線が上り線で直線、下り線は片渡り線で転線する。下り追い越し電車が通過線を通るときは速度を落とすだけでなく大きく揺れる

鷺ノ宮

鷺ノ宮駅は島式ホーム2面3線で中線に当たる2番線が下り本線、1番線が下り副本線（待避線）となっていて、下りの急行・準急と各停が緩急接続をする。上り線は3番線だけで緩急接続をしない。

もともとは西武新宿寄りにY形引上線がある島式ホーム1面2線だった。鷺ノ宮折返の下り電車が引き返してY形引上線経由で上り線に転線して出発するという3度の進行方向換えをすることから折返に時間がかかっていた。

これを解消するために昭和40年10月に南側にホームを新設して、上下線の間に行止式の中線を設置した。

その後、一度は鷺ノ宮折返電車を廃止して中線が埋められたが、下りホームを西武新宿寄りに分離延伸、ホームを貫通した中線を復活して上下電車の追い越しを可能にした。

しかし、上り線と下り線の待避電車の停車位置が大きくずれるので、上りホームの中線側に柵を設置、下り線専用の追越駅にして現在に至っている。ただし中線の西武新宿寄りの出発信号機は残されて、異常時に折り返しができるようにしている。

昼間時の下り各停は同駅で急行を待避して緩急接続をするようになっている。

井荻

井荻駅は相対式ホーム2面3線になっていて、上り線側に通過線と停車線がある。ただし、駅の前後に下り線との渡り線があって、下りの優等列車が通過線を通って追い越しができるようにしている。しかし、渡り線を通ることによる揺れで乗り心地が悪くなるので、現在は下り優等列車の追い越しはほとんど行っていない。

同駅も元々は島式ホーム1面2線だったが、昭和24年に上り線側に東京都の要請で糞尿処理用の貨物側線が設置された。

昭和38年10月に貨物側線用地などを利用して、上り線側を島式ホーム、下り線は片面ホームにした。島式ホームの内側が通過電車専用にするとともに、現在と同様に下りの追越電車も通れるように前後に上下渡り線が設置されていた。

主に上り電車の待避追越を行っていたが、夕ラッシュ時には下り優等列車が島式ホームの内側を通り抜けて各停を追い越す優等列車があった。夕ラッシュ時の混雑している下り優等列車が、上下渡り線を速度を落として通るものの結構揺れるので乗客同士が押し合うことになって評判が悪かった。

平成10年（1998）3月に現在の配線に改造した。

上石神井

上石神井駅も島式ホーム2面3線だが、上石神井車両基地が併設されているので、側線が多

左：西武新宿寄りから見た上石神井駅。右から下り本線、引上線、上り本線、奥に島式ホーム2面3線があり、左側に車庫線がある

右下：上石神井駅から西武新宿方を見る。左の電車が走っている線路が上り本線、その隣が引上線、そして下り本線がある。引上線から上下本線へY形分岐しているが、上下本線から手前の中線（5番線）へのY形分岐と交わっている。さらに車庫から中線への線路が下り本線と交差している。右手前で車庫の引上線（7番線）と下り本線（6番線）との間にシーサスポイントがある

左下：7番線は車庫の留置線群などが合流している

数置かれている。中線は上下電車が発着する副本線だが、下り電車の待避追越はあまり行われていない。基本的に上り電車で行なっている。

車庫は海側にあって1番線から22番線の22線が置かれている。大半は留置線だが、8、9番線は検修線、14番線は洗浄線である。

車庫からは下り本線（駅6番線）と中線（同5番線）に出入りできるが、上り本線（同4番線）に出入できず、一度、西武新宿寄りにある引上線（同8番線）に入ってから上り本線に入線する。

上り線の外側に駅1～3番の側線があるが保守用車両の留置線になっている。下り線の外側にも駅7、9、10番の入換用の側線がある。

同駅も島式ホーム1面2線だったが、車庫への入出庫線や西武新宿寄りに引上線があった。これを島式ホーム2面3線にしたものの、当初4両編成だったのを6両、8両、10両と長くするたびにホームが延伸され、その都度、入出庫関連の配線が変更されている。

上井草―東伏見間は連続立体交差事業によっ

右：上石神井駅の本川越寄りで中線はY形分岐で上下線につながっている。中線は本川越方面にも出発できる
右下：本川越寄りから見た上石神井駅。左側の線路は奥で1番線から3番線の3線の側線になる。その隣の上り本線は4番線、中線は5番線、下り本線は6番線と付番され、車庫の引上線は7番線で下り本線につながっている
左下：中線が上下本線とつながった本川越寄りに逆渡り線がある。下り本線接続部のところに入換信号機があって、下り本線上に引き上げた電車が上り本線に転線できる

て高架化される。完成後の上石神井駅は島式ホーム2面4線となる。

東伏見

東伏見駅は島式ホーム2面4線の待避追越駅である。村山線の上保谷駅として開業した。このときは島式ホーム2面3線だった。早稲田大学のキャンパスを誘致して学生利用のために折返設備として中線を設置していた。

昭和58年3月に島式ホーム2面4線化した。上石神井駅とともに高架化される。完成後も島式ホーム2面4線になる。

隣の西武《せいぶ》柳沢《やぎさわ》駅は村山線の駅として開設されたときは島式ホーム1面2線だったが、その後、相対式ホーム2面2線となった。同駅だけ「西武」の文字が付いているのは、当時、長野電鉄木島線信州中野―木島間に柳沢駅があったのでこれと区別するためだった。しかし、木島線の柳沢駅の読みは「やなぎさわ」である。

開業当初の木島線は河東《かとう》線の一部だったが、信州中野駅から湯田中駅までの山の内線ができ

左：西武新宿寄りから見た東伏見駅。右側の上り待避線には安全側線がある

右下：本川越寄りから見た東伏見駅。右側の下り待避線には安全側線がない

左下：西武新宿寄りから見た田無駅。島式ホーム2面3線だが、下り本線から中線へは直線でつながり、そして海側に広がっている。このことから中線と上り本線が当初からあった島式ホーム1面2線で、その海側に島式ホームを増設したことがわかる

ると信州中野—木島間は木島線の通称で呼ばれるようになった。木島線は平成14年4月に廃止された。

田無

田無駅は島式ホーム2面3線で本川越寄りに引上線がある。単純なY形引上線ではなく、3線の発着線と行き来できるようにシングルスリップポイントを一組含んだやや複雑な配線になっている。また、上りホームのほうが下りホームにくらべて幅が広くなっている。

やはり開業当初は島式ホーム1面2線に本川越寄りにY形引上線と上り線側に貨物側線があった。これを昭和36年に島式ホーム2面3線に改造した。

花小金井

花小金井駅は島式ホーム1面2線になっているが、通常の島式ホームにくらべて西武新宿寄りは幅が非常に広い。

開業時は本川越寄りで行止り式の折返用中線

右：田無駅から本川越方を見る。中線はY形配線で上下本線とつながっているが、本川越寄り上下線間に引上線もあって、こちらも西武新宿寄りで上下本線と中線に行けるようにするため上り線の中線への線路と交差している個所にシングルスリップスイッチを置いている
右下：下り線の本川越寄りから見た田無駅。中線からのY形配線と引上線からの上下本線と中線との交差状況がよくわかる。シングルスリップスイッチが左側の交差部に置かれている
左下：西武新宿寄りから見た花小金井駅。かつてはホームの中央に奥で行止りになっている中線があったためにホームの幅が広くなっている

があった。小金井の桜の花見客用の折返電車のためだったが、あまり走ることはなかったために中線を撤去した。中線跡は線路がない「コ」の字のホーム形態だったが、その後、中線跡は埋められた。しかし、ホーム上屋は「コ」の字のままだった。現在はすべてにホームの屋根が設置されている。

小平

小平駅は拝島線の分岐のために島式ホーム2面4線になっている。西武新宿寄りに引上

西武新宿寄りの上り線から見た小平駅。島式ホーム２面４線で、左の島式ホームの１番線が萩山・拝島方面、反対側の２番線が本川越方面、右の島式ホームの３番線が萩山・拝島方面から、４番線が本川越方面からの発着線、右側の上り線の左隣の線路は引上線で、上り線側とはシーサスポイントで、下り線とはシングルスリップスイッチで接続している。１番線の西武新宿寄りに安全側線がある

小平駅の２番線から西武新宿寄りを見る。左の引上線に転線できるシングルスリップスイッチと左側にシーサスポイントがある

小平駅の２番線から本川越・拝島方を見る。２番線は本川越方面下り線、右隣の３番線は萩山・拝島方面からの上り線で両線は平面交差している。このため２番線側に安全側線が置かれている。上下線とも本川越方面と拝島方面は同時進入発車ができるが、上下線が同時にこれをすることは交差支障を起こすのでできない

線があるが、すべての発着線と出入りできるように下り線側にシングルスリップスイッチ、上り線側にシーサスポイント1組によって複雑な配線になっている。また、上り1番線から引上線に入るとき、安全面を考慮して安全側線が置かれている。

本川越・拝島寄りでは下り1番線が拝島方面へ、下り2番線が本川越方面への発着線、上り3番線は拝島方面から、上り4番線が本川越方面からの発着線になっている。このため新宿線下り線と拝島線上り線が平面交差している。

拝島線の電車が小平駅に進入するとき、同駅発車の本川越方面行の電車は発車を抑止され、安全側線があって誤出発しても拝島線電車と衝突できないようにしている。

もともと新宿線は島式ホーム1面2線で拝島線が多摩湖鉄道だったときは現小平駅の西側に棒線駅の本小平駅が終点だった。合併後の昭和24年11月に新宿線ホーム近くに多摩湖線のホームを移設、その後、直通運転ができるように新宿線との間に渡り線を設置した。

右：西武新宿寄りから見た新宿線東村山駅。直上高架化方式をしているので現在線は地下線のようになっている。新宿線だけ見ればＪＲ形配線になっていて、島式ホームの外側が上り本線の６番線、内側が中線の５番線になっている。左側の新宿線下り電車用４番線の半島式ホームの対面の２番線に国分寺線の折返電車が停車しているのがみえる

右下：新宿線東村山駅から本川越寄りを見る。中線が上下本線に接続している。左側に西武園線の折返電車が停車している

左下：国分寺線国分寺寄りから東村山駅を見る。通常、国分寺線電車は右側の行止り線の２番線で折り返しているが、ラッシュ時の一部の電車は左側の片面ホームの１番線でも折り返している

昭和25年5月に小川—玉川上水間が開通すると小平—萩山間は上水線に編入され、42年11月に小平—萩山間が複線化されたときに現在の配線になった。43年5月に玉川上水—拝島間が開通すると拝島線に線名を変更した。

東村山

東村山駅は国分寺—東村山間の国分寺線と東村山—西武園間の西武園線が接続している。現在、連続立体交差事業で高架化工事中である。一般に高架化工事は従来の線路を仮線に移して元の線路の路盤跡に高架線を建設するが、東村山駅の高架化は従来線の真上に設置する直上高架方式で建設が行われている。

高架化前は新宿線から西武園駅、国分寺線から本川越方面の直通電車が運転されていたが、国分寺線と西武園線との直通はあまりなかった。

直上高架方式をとっているが、従来線の配線をそのまま残して工事を行っているわけではない。現在、新宿線はJR形配線タイプの配線をしていて、上り本線の6番線は島式ホームの外

左：右側は行止りになっている2番線、左側は片面ホームの1番線。1番線は奥で西武園線とつながっている

右下：東村山駅の4番線と3番線の本川越・西武園寄りから見る。3番線は行き止まりになっていて、その右側に1番線がある。左側に新宿線下り線の4番線がある

左下：3番線から西武園寄りを見る。左からの1番線が西武園線に接続している

側、中線の5番線は同ホームの内側、下り本線の4番線は半島式ホームの内側に面している。

中線には下り特急「小江戸」が停車して4番線に停車する急行を追い抜いている。同じホームではないので、双方の乗り換えは仮設の地下連絡通路を通らないといけない面倒くささがある。

4番線の反対側の本川越寄りに西武園線発着用の3番線、西武新宿寄りに国分寺線発着用の2番線がある。その2、3番線の対面のほぼ中央に片面ホームの1番線があって、ダイヤ上、ラッシュ時には国分寺線電車が2本停車することがあり、そのときの1本が1番線で発着している。

高架化後は島式ホーム2面4線となり、外側に新宿線の上下電車が発着し、内側に西武園線と国分寺線の電車が発着する。西武新宿寄りで新宿線の下り線が高くなって国分寺線と立体交差するが、本川越寄りでは新宿線の下り線と西武園線とは平面交差する。

おそらくは西武園線と国分寺線との直通電車が新宿線と方向別運転で発着、これに特急「小江戸」の下り電車も内側に停車して急行と緩急

右：中線の5番線から発車した特急「小江戸」本川越行
右下：西武新宿寄りから見た新宿線所沢ホーム。手前に順渡り線と池袋線池袋方面への連絡線が分岐している。以前は池袋線への連絡線の手前に順渡り線があったが、内方に移設されている
左下：続いて池袋線から秩父方面からの連絡線が新宿線上り線とダブルスリップスイッチで横切って下り線に接続する。そしてホームに入る

接続をするものと思われる。

高架工事開始前は島式ホーム3面6線で西端の1、2番線が国分寺線折返用、3番線が下り新宿線待避用と西武園線折返用、4番線が新宿線下り本線、5番線が新宿線待避用、6番線が新宿線上り本線だった。

その前は島式ホーム2面4線と貨物側線があった。西側の島式ホームは国分寺線の折返用、東側は新宿線の上下電車と西武園線の折返電車や新宿線直通電車が発着していた。

所沢

所沢駅は池袋線の項を参照していただきたいが、新宿線だけ見れば相対式ホーム2面2線になっている。とはいえ新宿線の西武新宿行と池袋行は同じ島式ホームの対面で発着しているので本川越方面から池袋方面へ、飯能方面から西武新宿方面に乗り換えるのは簡単になっている。

新所沢

新所沢駅は島式ホーム2面4線で外側が副本

左：所沢駅の本川越方を見る。新宿線だけ見れば相対式ホーム２面２線ということになるが、手前と前方で池袋線からの連絡線が接続している。また、上り２番線の本川越方にも出発信号機があり、本川越寄りで池袋線連絡線と合流した先に逆渡り線がある

右下：西武新宿寄りから見た新所沢駅。手前に保守基地、そして上下線間に順渡り線、そして２線の留置線がある

左下：２線の留置線の内側の１線は外側の１線と渡り線で合流するとともに、上り待避線と交差して上り本線につながっている。外側の１線は内側の１線と合流した先で保守線の通路線と合流して止まっている

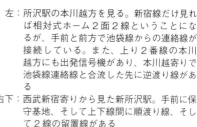

線だが緩急接続は行っていない。田無以遠でも通過運転する快速急行は1本しかなくなったものの、新所沢駅では同駅始発で副本線に停車する普通と連絡する。多くは特急「小江戸」の通過待ちのために副本線に停車する。

待避なしの電車は内側の本線を通るとともに、新所沢始終発の電車の多くは南入曽車両基地がある南入曽信号場の引上線で折り返して所沢駅の副本線で発着している。

新所沢駅は昭和26年6月に所沢御幸町駅の移設名目で北所沢駅が開設された。当時の北所沢駅あたりには駐留米軍の補給廠があって、そこへの専用線が米軍によって敷設されていた。

当時、所沢以北は単線だったので米軍物資輸送の貨物列車の本数が増大してきたために貨物取扱をともなう行き違い駅として新設しようとしたが、戦後の混乱状態のなかで駅新設の手続きは面倒だったために、1・8㎞所沢寄りにあった棒線駅の所沢御幸町駅を移設することで解決を図った。

北所沢駅は島式ホームとし、上り線側に貨物

右：新所沢駅から本川越方を見る。内方にシーサスポイントがあって下り2番線と上り3番線は本川越方面への折り返しができる

右下：西武新宿寄りから見た南入曽信号場。最初に逆渡り線があってから引上線と通路線の2線が分かれる。引上線もそのまま車庫の3番線、続いて1番線につながっている。引上線は新所沢駅の始終発電車が回送されて同信号場で折り返すために使われる

左下：引上線はそのまま本線下り線とシーサスポイントで接続し、本線上下線の間には手前に逆渡り線、奥に順渡り線がある

ヤードを設置して所沢方面から来た貨物列車はスイッチバックして米軍専用線に入るようにした。

米軍補給廠が廃止になった跡地は住宅地に転用され、昭和34年2月に新所沢駅と改称、42年10月に所沢―新所沢間、44年9月に新所沢―入曽間が複線化された。

複線化後も貨物ヤードは残されていたが、これを利用して新しい上り線の島式ホームを増設して平成8年（1996）12月に2面4線化した。それでも所沢寄りの貨物側線は残ったので、保守基地と2線の留置線に再利用されている。

南入曽信号場・南入曽車両基地

南入曽信号場は南入曽車両基地への入出庫のための分岐点機能のほかに新所沢駅始終発電車の折返線が置かれている。

新所沢寄りで上下本線の間に順渡り線が置かれ、その先に折返線と入出庫線が分岐する。折返線と入出庫線とは別に車庫のための引上線の3線が本線と並行して並んでいる。折返線関連の線路と本線は運転指令所が管轄、引上線（3

左：西武新宿寄りから見た南入曽車両基地やシーサスポイント。上下線の左側の線路は引上線につながっている。この線路のシーサスポイントの奥は３番引上線となり、さらに奥は１番留置線になっている
右下：西武新宿寄りから見た入曽駅。上下線間の順渡り線、その奥の左右にある側線は保守用でこれらは乗り上げポイントになっている
左下：狭山市駅の西武新宿寄りには順渡り線があって折返ができる

番線）から先は車両基地が管轄している。

南入曽車両基地は新所沢寄りに19〜30番線の12線の留置線、次に車輪転削線の18番線があり、本線線路と斜めに配置されている。12線の留置線は4線を1群にして3群に分かれる枝線形配線になっている。

1番線から17番線までは本線線路と並行している。1、4〜7番線は留置線、2番線は洗浄線、3番線は引上線、11〜13番線が列車検査線、14番線が月検査線、15、16番線が検修線で11〜16番線は検修棟の中に置かれている。

入曽・狭山市・南大塚

入曽駅は貨物取扱駅だったため、その線路を保守用の横取線に転用している。

狭山市駅の新所沢寄りに順渡り線があって新所沢方面の電車の折返電車があったが、現在は行われていない。同駅は特急停車駅である。

南大塚駅は廃止された安比奈貨物線の分岐駅だったので、その路盤と一部線路が残っている。安比奈貨物駅周辺を車両基地にする計画があっ

脇田信号場で複線から単線になる

単線になって左カーブしてJR川越線と東武東上線をくぐる

たが中止になり、休止中だった安比奈貨物線は平成27年5月に正式に廃止された。

しかし、上り線側の側線は横取線に転用され、上下線間の逆渡り線も残っている。

本川越

本川越駅の手前で東武東上線とJR川越線の下を単線で通る。複線化するには用地取得も必要だが、工事をするのも大変なので単線のままにしている。このため手前に脇田信号場を設置して複線から単線になる。

本川越駅は櫛形ホーム2面3線で中央の2番発着線（2、3番ホーム）が特急用ホームで7両編成分しかない。1、4番ホームに面した線路は10両編成分あるが、途中でカーブさせて10両編成分の長さを確保している。

一度単線になってらか本川越駅に入るため交差支障率は当然100%なので、同時進入発車は絶対に不可能である。

本川越駅は中央に7両編成対応の特急発着用2番線を挟んだホーム2面3線になっている

本川越駅の終端部から西武新宿方向を見る。2番線は両側ホームになっているが、両側の一般電車発着線よりも手前で止まっている

西武池袋線

西武池袋線は池袋―吾野間57・8㎞の路線で、練馬―石神井公園間が複々線、池袋―練馬間と石神井公園―飯能間、北飯能信号場―武蔵丘信号場間が複線、残りが単線である。西武秩父線は吾野―西武秩父間19・0㎞で全線単線である。

飯能駅は頭端行止り駅なので池袋―吾野方面間を走る電車は同駅でスイッチバックをする。吾野駅で秩父線と接続して西武秩父駅まで直通している。西武秩父駅では秩父鉄道と接続してやはり直通電車が三峰口と長瀞まで運転されている。

飯能駅でスイッチバックするので、本書では池袋―飯能間を取り上げる。

練馬駅では西武有楽町線が分岐接続しており、西武有楽町線は小竹向原駅で東京メトロ有楽町線と副都心線に接続、副都心線は東横線と接続し、東横線はみなとみらい線に直通しているので、西武の電車はみなとみらい線の元町・中華街駅まで乗り入れている。反対に東急と東京メトロの電車も飯能駅まで乗り入れてくる。東急新横浜線には直通しない。

練馬駅では豊島線と接続して各停が池袋線から豊島園駅まで、所沢駅で新宿線と接続して、臨時特急や西武球場への急行などが西武新宿駅から西武秩父駅や西武球場前駅まで直通している。新宿線とは反行接続なので新宿線からの直通電車はスイッチバックする。

西所沢駅では狭山線と接続して池袋―西武球場前間に少しだけだが快速、準急、各停が走る。野球開催日などには池袋発だけでなく、西武新宿駅からも直通電車が走る。これらの接続駅では直通電車がスムーズに走ることができる配線になっている。

池袋線も飯能に向かって左側を海側、右側を山側として説明する。各駅の発着線番号は多くの私鉄が採用している下り線（山側）から1番線にしておらず、国鉄・JRと同様に駅本屋（駅長室）がある側から1番線にしている。駅本屋がなくなった駅や高架化された駅でも、あった時代を踏襲していたが、近年の高架化駅は海側を1番線にするようにしている。両側ホームの場合は乗り場番号と線路番号とは一致させていない。

池袋

西武の池袋駅は頭端島式ホーム4面4線で海側から1番線になっている。両側にホームがあって乗降分離をしているのは1～3番線で、4番線は飯能に向かって左側しかない。

1番線の終端部より2番線は北側に延び、3番線はもっと北側に延びている。さらに4番線はもっと長く北側に伸びていて、そこに特急ホームが置かれている。4番線は飯能寄りが一般電車の発着ホーム、終端寄りが特急ホームになっていて、特急と一般電車が直列に停車する。

特急ホームはニューレッドアローに対応した

左：飯能寄りから見た池袋駅。右端が1番線で左端が4番線の櫛形ホーム4面4線になっている。まずは3、4番線への進入線が左へ分かれ、その先に1,2番線間にシーサスポイントがある。シーサスポイントの2番線側の奥はシングルスリップスイッチになっていて、2番線と交差した線路と手前で分かれた3、4番線との間にもシーサスポイントがある。左側手前に二つあるポイントは2線の引上線につながっている

右下：終端側から見た池袋駅の2番線。両側ホームで乗降分離がなされている

左下：池袋線3、4番線の飯能寄りホーム端から終端方を見る。左側の4番線は片側にしかホームがない

7両編成ぶんの長さだったが、新しいラビューは8両編成のために一番電車用ホームまではみ出して停まるようになった。このため特急用の出発信号機は1両分飯能寄りに移設され特急ホームと一般ホームを仕切る柵も間に合わせ的に伸ばされている。特急が停車しているときには一般電車は8両編成しか発着できない。

線路番号とは別に乗客案内用にホーム番号がある。1番線の海側の降車ホームは1番、山側の乗車ホームは2番というように4番線の一般電車の乗降ホームである7番まである。特急ホームには番号がない。1番線の終端は他よりも飯能寄りで停まっている。このため1、2番ホームは飯能寄りに延びている。

4番線のホームの途中から引上線が飯能寄りに分岐している。従来は特急電車の留置線用だったが、今は一般電車が留置されることが多い。

4番線は特急ホームとの間に第4場内信号機が設置されている。奥の特急ホームに入線するための場内信号機である。背面に特急用の出発信号機が置かれている。

右：4番線の一般ホームに停車中の8両編成の豊島園行普通
右下：4番線の特急ホームと一般ホームの間にある第4場内信号機。ラビューの先頭車は一般ホームにはみ出しているが、先頭車の客用扉は間に合わせ的な柵で特急ホームを伸ばして一般ホームから乗れないようにしている
左下：第4場内信号機の裏側にはラビューの運転席に向いて第1出発信号機が置かれている

特急が入線、あるいは出発するときに7番ホームでは「通過電車にご注意ください」という旨の案内がなされる。始発駅なのに通過電車があるのは西武池袋駅それに関西の京阪淀屋橋駅だけである。

3、4番線はホームがなくなるとシーサスポイントが置かれ、4番線側のシーサスポイントのまっすぐ進むほうにも引上線が置かれている。その先で上り本線に接続する。3番線のまっすぐ進むほうは1、2番線で構成しているシーサスポイントとつながり、2番線の線路とシングルスリップスイッチでつながっている。

この配線によって西武池袋駅の交差支障率は50％になっているが、特急発着線7番ホームに一般電車が停車していると進入も発車もできない。一般電車の発着は極力避けている。

東長崎

東長崎駅は島式2面4線で上り待避線の池袋寄りに安全側線があり、飯能寄り待避線から横取線が分かれている。飯能寄りの外よりに逆渡

左：東長崎駅から飯能方を見る。飯能寄り外方に逆渡り線があり、右側の上り待避線の飯能方への出発信号機が置かれており上り電車の折り返しができる

右下：飯能寄りから東長崎駅を見る。逆渡り線の下り線側に入換信号機があって下り本線上に引き上げて逆渡り線で上り線に転線して下り電車折り返しができる

左下：飯能寄りから見た中村橋駅。内側が緩行線で、上下線間に島式ホームがある。このため急行線も含めてホーム部分でカーブがどうしてもできてしまう

り線、上り待避線の飯能寄りに出発信号機があって飯能方面からの電車の折り返しができる。さらに渡り線の飯能寄り下り線に池袋に向かって入換信号機が置かれて、下り本線を引上線代わりにして上り線に転線して池袋からの電車の折り返しもできるようにしている。

練馬―石神井公園間

練馬駅は外側に通過線があって、内側は島式ホーム2面4線になっている。2面4線の外側が西武有楽町線の発着線で、内側が池袋線の練馬駅停車電車と豊島線の電車が発着する。同駅については『配線で読み解く鉄道の魅力2』で詳述しているので本書では省略する。

練馬―石神井公園間の複々線は内側が緩行線、外側が急行線になっている。

途中にある中村橋駅と富士見台、練馬高野台駅は緩行線の上下線の間に島式ホームが置かれている。石神井公園駅は島式ホーム2面4線で池袋寄りは上下線とも緩行線と急行線の間にシーサスポイントがある。飯能寄りは緩行線からまっ

右：石神井公園駅から池袋寄りを見る。上下とも緩行線と急行線との間にシーサスポイントがある
右下：飯能寄りの上り線から見た石神井公園駅。内側の上り緩行線は急行線から分かれて2線の引上線と合流する。2線の引上線の間にはシーサスポイントがある。手前の分岐線は保守車留置線
左下：上り本線は大きくカーブして海側をまっすぐ進む下り本線と並行する。石神井公園以遠を複々線化するとすれば山側に線増線を設置することになる

すぐに2線の引上線が伸びており、引上線間にシーサスポイント、その手前に急行線への渡り線がある。上り線側の渡り線には保守用の横取線が引上線に並行して置かれている。

下り急行線が直線で下り本線になり、引上線がなくなると山側の上り本線が海側に寄ってきて下り本線と並行する。

保谷

保谷駅は上り本線が片面ホームに面し、下り本線が島式ホームの外側に面して内側は待

保谷駅から池袋寄りを見る。上り本線は片面ホームに面し、右の中線は島式ホームの内側に面している。池袋寄りで中線はＹ字配線で上下線と分岐合流する

飯能寄りから保谷駅を見る。中線と上り本線とはシーサスポイントで接続し、上り本線からはまずは本線路と左側で斜めに伸びている６線の留置線へ、続いて本線に並行している２線の留置線へのポイントがある。右側には２線の引上線、そして下り本線があり、海側には保守基地が置かれている

右の下り本線がほぼ直線になっており、２線の引上線のうち海側のほうは下り本線につながっている。上り本線は海側にシフトして下り本線と並行、順渡り線がある

避折返用の中線になっている。飯能寄りの上り線から斜めに分かれてさらに右カーブして枝分かれ形方式で分岐し、6線の留置線があり、このほかに本線に並行して2線の留置線がある。

中線から延びた引上線が2線あり、海側の引上線は行き止まりになっておらず、下り本線につながっている。上下線が並行すると順渡り線がある。海側には2線の保守基地がある。

ひばりヶ丘

ひばりヶ丘駅は島式ホーム2面4線の追越駅で、上りホームは池袋寄り、下りホームは飯能寄りに少しずれている。上り待避線の池袋寄りに安全側線が置かれている。

清瀬

清瀬駅は島式ホーム2面4線だが、上り線は外側が本線で内側は待避以外に折り返しができる副本線で、上下本線とはY字でつながっている。下り本線とは待避線が分かれた内方での接続である。上り本線の外側から分かれて池袋寄

右：飯能寄りからひばりヶ丘駅を見る
右下：池袋寄りから見た清瀬駅。上り副本線はY字配線で上下線とつながっている
左下：飯能寄りから見た清瀬駅。左から1番上り本線、2番上り副本線、3番下り本線、4番下り待避線（副本線）。2番線から手前に引上線が伸びていて4番線と合流した下り本線とはシーサスポイントで接続している

りで並行する引上線がある。

下り線は内側が本線、外側が待避線で、待避線の飯能寄りに安全側線がある。上り副本線は飯能寄りにある引上線にまっすぐつながり、上り本線からは渡り線で、下り本線とはシーサスポイントでつながっている。

所沢

次の相対式ホームの秋津駅の所沢駅寄りでJR武蔵野線を乗り越している。その先で武蔵野線からの西武連絡線が並行するようになる。

西武連絡線は貨物輸送をしていたときに武蔵野線の新秋津駅の側線に入線して西武の機関車から国鉄の機関車に付け替えて武蔵野線に乗り入れていた。とくに西武秩父線の横瀬駅でホッパ貨車に積載していた石灰石を京浜臨海部へ輸送していた。

貨物輸送を中止した現在の新秋津駅の側線はJRの保守基地と運転訓練所になっているが、離れ小島的存在の西武多摩川線の車両を置き換えるときなどには武蔵野線経由の甲種貨物輸送

左：池袋寄りを見た所沢駅。左の線路は武蔵野線新秋津駅につながる西武連絡線
右下：池袋行電車が発着する所沢駅の３番線。新宿線の本川越方面からの電車と同じホームで乗り換えることができて便利である
左下：所沢駅から飯能寄りを見る

をするために着発線1線は残されている。

所沢駅は島式ホーム2面と片面ホーム1面で発着線は6線ある。池袋線は池袋寄りから大きく回り込んで所沢駅では北側から進入している。新宿線は南側から進入している。西側の相対式ホームと島式ホームに挟まれた複線は新宿線の上下線である。島式ホームに面した新宿線の下り本線の向かい側の線路は池袋線の上り本線である。このため新宿線の本川越方面から池袋に向かうときと池袋線の飯能方面から西武新宿方面に向かうときは同じホームで乗り換えができて便利である。反面、その逆は2階にあるコンコースを通ることになって面倒である。

新宿線だけ見れば相対式ホームだが、池袋線だけで見るとホーム2面3線になっている。線路番号は新宿線の下り線が1番線で、一番東側にある西武連絡線の着発線は6番線である。池袋線の上り本線は3番線、隣の島式ホームの内側の4番線が下り副本線で、3、4番線は池袋、飯能の両方面に出発できる。外側が下り本線の5番線で飯能方面にしか出発できない。

池袋寄りで3番線と4番線の間にシーサスポイントがあり、そのシーサスポイントの3番線側で池袋方のポイントは4番線から転線できるシングルスリップスイッチになっていて新宿線の上り線とつながっている。

飯能寄りでは4番線から2番線への渡り線があり、途中で交差する3番線とはダブルスリップスイッチが設置されている。渡り線とつながった2番線の新宿寄りに順渡り線がある。飯能寄りには引上線が2線あって東側の引上線は新宿線の折返用にも利用できるが、西側の引上線は池袋線だけしか折り返しができない。

所沢駅の３番線（池袋線上り線）から池袋寄りを見る。ダブルスリップスイッチで横切っている線路は新宿線の本川越方面で接続している連絡線

池袋線の5番線の下り本線は引上線に行けない。西武連絡線は下り本線につながる手前に安全側線が置かれている。その先で5番線に4番線が合流し、さらにその先の上下線間にシーサスポイントが置かれている。池袋線が右に大きくカーブして、その下を新宿線が交差している。

西所沢

西所沢駅は狭山線との分岐駅である。通常の分岐駅のように方向別の島式ホーム2面4線はなっておらず、池袋寄りで狭山線が分岐していて、両側に片面ホーム各2面、中央に島式ホーム1面がある線路別の3面4線になっている。

池袋寄りに海側に引上線があり、池袋線の下り線との間にシーサスポイント、次に池袋線上下線化にもシーサスポイントがある。両シーサスポイントの池袋線交差部にはシングルスリップスイッチがあって池袋線と狭山線の行き来ができるようにしている。

狭山線の発着線の1、2番線は池袋と西武球場前の両方向に出発できる。狭山線は単線、終点の西武球場前駅は櫛形ホーム3面6線になっている。西武球場で試合が終了したとき一度にどっと池袋方面へ客が殺到しても6線すべてに電車を停車させて、次々出発させるようにしている。

小手指

小手指駅は大規模な車庫の小手指車両基地が隣接しているので島式ホーム

池袋寄りから見た西所沢駅。奥の左側2線が狭山線発着線の1、2番線。手前の右側2線は池袋線上下本線、左側は引上線。その間で逆渡り線、2組のシーサスポイント、2番線と3番線（池袋線下り線）の間にシーサスポイントとシングルスリップスイッチでつながった渡り線がある。これによって池袋線と狭山線との直通電車がスムーズに走ることができる

2面4線になっている。海側が下り本線の4番線、続いて下り副本線の3番線、上り本線の2番線があり、山側が上り副本線の1番線になっている。上り本線が直線になっており、下り本線は緩く海側に膨らんで、その間に下り副本線が分かれる。下り副本線と上り本線が並ぶと両線間に順渡り線がある。1番線から池袋寄りに短い引上線が分かれ、その先で上り本線とつながっている。

飯能寄りでは2、3番線の間に逆渡り線、その先で上り線は車庫への7番入出庫線との間にシーサスポイントがある。下り副本線の2番線は下り本線1番線につながる。2番線からまっすぐ進む引上線、本線への渡り線の途中からも引上線が分かれている。

下り本線から7番入出庫線まで、途中で下り副本線、引上線2線、上り本線を横切っている入出庫線がある。海寄りの引上線とはシングルスリップスイッチで接続しているが、山寄りの引上線とは交差するだけである。

7番発着線までが駅の管轄で、その先の山側

右：池袋寄りから見た小手指駅。下りホームは左端の４番線が本線、３番線が副本線、右側の上りホームでは２番線が本線、１番線が副本線になっており、それに対応した配線になっている

右下：飯能寄りから見た小手指駅。下り本線の４番線から引上線や上り本線を横切って小手指車両基地へ入出庫する線路がある。その奥で1~3番線と車庫とで行き来できる渡り線やシーサスポイントがある

左下：まっすぐ進む下り本線の４番線から飯能方を見る。各線を横切って車庫への入出庫線が分かれている。海側の引上線とはシングルスリップスイッチになっている

の線路は小手指車両基地が管轄している。小手指車両基地の上り本線寄りの1番線から10番線までが留置線である。1番線の有効長は317mで、2番線から6番線までは700mから756mと長い。7番線から10番線までは416mから596mである。いずれにしても10両編成が2本以上直列に留置できる。

上下線間の2線の引上線がなくなると下り本線は山側に寄って通常の複線の間隔になる。

狭山ヶ丘

狭山ヶ丘駅は島式ホーム1面2線だが、下り線の海側に引上線が1線置かれ池袋寄りで下り線と接続している。

池袋寄りの上下線間に逆渡り線があり、引上線は池袋寄りに出発信号機が置かれて留置されている電車が池袋方面に向けて出発できる。本線とのポイントの手前に安全側線が置かれている。また、引上線の池袋寄りから横取線が分かれている。

もともとこれらの側線は貨物ヤードと貨物着

池袋寄りから見た狭山ヶ丘駅。左の2線の側線の池袋寄りに出発信号機があり、留置電車が逆渡り線を通って池袋方面に向かうことができる

入間市駅は島式ホーム2面4線だが、下り1番線の海側に使われていない片面ホームがある。駅全体は大きくカーブしている

発線だった。このため横取線の海側には貨物ホームが残っている。

入間市

入間市駅はSカーブ上にある島式ホーム2面4線の待避追越駅である。下り待避線の海側にも片面ホームがあって、特急が7両編成のニューレッドアローで使用されていたときは特急用ホームだった。8両編成のラビューに置き換えられてから1両がホームからはみ出すために使用停止している。

仏子

仏子駅は相対式ホームで上下線間に中線がある2面3線になっている。中線は両方向に出発でき、貨物列車が運転されていた時代は貨物列車の上下待避線に使われていた。また、ときには特急が各停などを通過追越のために使われていたことがある。

現在は、航空自衛隊の入間基地航空祭のときに運転される入間始終発電車の折返用に使用さ

右：池袋寄りから見た仏子駅。中線が置かれている

右下：笠縫信号所跡。かつてはここから飯能駅まで単線だった。右側にはかつて予定されていた東飯能駅までの飯能短絡線の用地が残り、広がっている上下線の間に分岐用中線を設置する予定だった。

左下：飯能短絡線の用地は東飯能駅まで続いている。左上が笠縫信号所跡方向

れている。入間市駅には折返設備がないために仏子駅まで回送されて仏子駅の中線で折り返している。

ゆっくり走るレストラン列車「52席の至福」の時間稼ぎのための、運転停車にも使われている。

飯能

島式ホームの元加治駅を過ぎて入間川を渡るが、海側に単線橋梁の橋脚が見える。池袋線が複線化されて線形改良される前に走っていた単線橋梁である。

この先で八高線を越えると上下線が広がっている区間がある。これが複線から単線になる笠縫信号所の跡である。上下線間が広がっているのは同信号所でスイッチバックしている飯能駅を避けて東飯能駅までの飯能短絡線の分岐信号所にもするためだった。

しかし、飯能駅を飯能市の中核ターミナル駅にすることと飯能短絡線は主に貨物列車を通すためだったが、貨物列車の運転は廃止になったことで必要がなくなった。といっても飯能短絡

左：池袋・西武秩父寄りから見た飯能駅。右が特急発着線の５番線、左が２番線で、見えないがその左に元貨物着発線の１番線がある。２番線の乗り場番号は１番、両側にホームがある３番線の左側は２番乗り場、右側は３番乗り場、その隣の４番線と特急ホームの５番線の乗り場番号も４、５番になっている

右下：４番線から終端部を見る。以前は奥の消防署分署の奥まで線路があった

左下：３番線に停車している西武秩父行

線の用地は今でもなにも使われず残っている。特急が短絡線を通れば5分程度所要時間が短縮する。その可能性はないとは言えないので残しているといわれる。

飯能駅は島式ホーム2面と片面ホーム1面の5線に2線の側線がある。各線路はすぐに行止りになっておらず、南北に延びている道路まで80mほど伸びている。以前はこの道路を通り越した先まであった。飯能駅はスイッチバック駅であり、長い貨物列車の機関車が折り返すときの機折線が必要だったためである。当然この道路には踏切があったが、廃止され、通り抜けていた線路も撤去され飯能日高消防署の稲荷分署の建物などができている。片面ホームの5番線は特急用ホームで2階コンコースに中間改札口があって特急券をチェックしている。2〜4番線が一般電車用で3番線は両側にホームがあって、主として飯能—西武秩父間の区間電車が停車して両側の扉を開けて2番線と3番線で発着する池袋方面の電車との乗り換えがしやすいようにしている。

1番線は元貨物列車の着発線で現在は留置線に使用されており、池袋・西武秩父寄りに出発信号機が置かれている。

池袋・西武秩父寄りは池袋発と西武秩父発との間、または池袋行と西武秩父行の間で交差支障をなるべくなくして同時発車進入ができる配線になっていて、同時進入発車ができる。

3番線から池袋・西武秩父方を見る。奥で左にカーブしているのが西武秩父方面、右にカーブしているのが池袋方面

東武東上線

東武東上線は池袋—寄居間75・0km路線で、池袋—和光市間と志木—嵐山信号場間が複線、和光市—志木間が複々線、嵐山信号場以遠が単線である。和光市駅で東京メトロ副都心線と接続して最遠森林公園まで相互直通運転をしている。池袋—小川町間は最新のデジタル式のT—DATC（東武形デジタル自動列車制御装置）を採用し、小川町以遠と支線の越生線は従来タイプのATS（自動列車停止装置）を使っていて、さらにワンマン運転をしているので、森林公園から池袋までは直通運転はしていない。

本項では池袋—小川町間を取り上げる。また寄居駅に向かって左側を海側、右側を山側として説明する。線路番号は池袋と川越の2駅を除いて海側から1番線にしている。

池袋

池袋駅は頭端櫛形ホーム3面3線でJR側山

左：小川町寄りから見る。駅の先端付近がカーブしており、3番線は直線ですすむ。3番線はトの字形配線で1、3番線と合流、その先にシーサスポイントがある

右下：池袋駅から小川町方をみる。T－DATC化されたので出発信号機はない。また駅に停止するときはTASC《タスク》(Train Automatic Stop position Control= 列車自動停止位置制御装置）と列車種別選別装置を採用し、列車種別ごとの停車駅に自動で停車する

左下：南口改札口から小川町方を見る。終端部はスロープになっていて、終端では線路とホーム面がほぼ同じ高さになっている

側の1番線は片面にしかホームがない。2、3番線は乗降分離の両側ホームになっている。終端側はホームが下がっているので通常の「コ」の字形で線路をホームが囲っていない。

中央の2番線（ホーム番号では2、3番線）は小川町寄りでトの字形配線によって上下線とつながり、その先にシーサスポイントがある。このため交差支障率は50％である。

下板橋電留線

下板橋の小川町寄りに逆渡り線があって、その向こうに着発1、2番線、電留3番線から7番線までの7線の側線がある。2線、3線、3線による枝分かれ分岐になっていて、8番線に当たる線路もあるが、この線路は保守車両の留置線である。

着発1、2番線は小川町寄りでも本線につながり、上下本線間に順渡り線がある。2線の着発線は池袋と小川町の両方向に進出できる、その先にはレール搬入の保守基地があり、門型クレーンが置かれている。

右：小川町寄りから下板橋駅を見る。逆渡り線があり、その手前に着発線や留置線へのポイントがある
右下：上下本線の右側の2線が着発線、続いて枝分かれ分岐をした留置線5線と一番左側の保守車留置線がある
左下：着発線の小川町寄りではD-TATCになったために「出」の出発標識が置かれている

この電留線などはもともと貨物ヤードだった。貨物積卸線もあったが一部を除いて撤去され更地になっている。市街地との境は遊歩道として整備されている。

中板橋・上板橋

中板橋駅と上板橋駅は島式ホーム2面4線の待避追越駅である。中板橋駅の外側の線路が副本線の待避線、内側が本線の追越線で上下線間に渡り線はない。

上板橋駅の下り線は外側が副本線、内側が本線だが、上り線では外側が本線、内側が副本線になっている。上り線のホームが池袋寄りにずれていて、下り線の外方で分かれて上り線の内方につながる順渡り線があって下り線から上り副本線の3番線に入線して折り返しができる。

さらに3番線は小川町寄りでまっすぐ進み、下り本線から分岐合流する引上線がある。このため、副本線の下り1番線、と本線の2番線から引上線に入って折り返しができる。引上線からの折返電車は3番線に入る。このとき上り本

左：下板橋駅の着発線は上下本線に合流し、その向こうに順渡り線があって小川町寄りから着発線に進入できる。また、保守基地があり、レール吊り下げ用の門型クレーンが置かれている

右下：池袋寄りから見た中板橋駅。島式ホーム２面４線だが、上下線間に渡り線はない

左下：池袋寄りから見た上板橋駅。上りホームが池袋寄りにずれている。下り線の外方から順渡り線が分岐するが、上り線は池袋寄りにずれているために順渡り線は内方で内側にある上り副本線（待避線）に接続している

線の4番線に入る電車と競合しないので、同時進入ができる。

上板橋駅は令和5年3月から準急が停車するようになり、朝ラッシュ時を除いて各停と準急とで緩急接続をするようになって便利になった。

成増

成増駅も島式ホーム2面4線で池袋寄りに順渡り線があって下り線から上りホームに入線ができる。上下線とも外側が副本線、内側が本線で、小川町寄りの内方に逆渡り線、その先の海側に引上線がある。

引上線で折り返して上り本線に入るとき、下り電車とは交差支障になるが、上り電車が副本線に入る場合は競合しないので同時進入ができる。

和光市

成増駅の先で海側から東京メトロの副都心線が800mほど並行してから、東上線の下り線が海側に寄って、その間に副都心線の上下線が東上線下り線を乗り越して並行するとすぐに和

右：池袋寄りから見た成増駅。手前の外方に順渡り線がある。左の「1場」その奥に「2場」の標識はD-TATC化され第1、第2場内信号機撤去され、第1、第2場内区間の終わりのところを示すものである
右下：上り本線から小川町寄りを見る。上下逆渡り線が内方にあり出発と入換の標識が建てられている。下り線の海側に引上線があって折返電車が引き上げている
左下：成増駅の小川町寄り海側にある引上線

光市駅となる。

和光市駅は島式ホーム2面4線で副都心線と方向別で並ぶ。同駅から複々線になるが、副都心線の発着線からまっすぐ進む線路は東京メトロの和光検車区への入出庫線である。その両側に緩行線、さらに外側に急行線が並ぶ複々線になる。

和光検車区への入出庫線にはシーサスポイントがあり引上線を兼ねている。上下の緩行線と急行線の間にもシーサスポイントが置かれている。

緩行線と急行線による複々線だが志木駅までのすべての駅は島式ホーム2面4線になっ

海側に東京メトロ副都心線が地上に出て800 mほど並行する

その先で東上線下り線は副都心線の下をくぐっていく

副都心線小竹向原寄りから見た和光市駅。内側が副都心線、外側が東上線になっている

ている。急行線を走る準急は和光市駅から各駅に停車するからどうしてもそうなってしまう、また、急行も朝霞駅は通過するが、武蔵野線と連絡する朝霞台駅には停車する。

志木・鶴瀬

志木駅で複々線は終了して同駅から先は複線になる。池袋寄りで上下線とも急行線と緩行線の間にシーサスポイントがある。下り急行線の海側に留置線が2線、山側には乗り上げポイントでつながった横取線がある。

小川町寄りで緩行線が急行線に合流する。その向こうに引上線が4線置かれている。引上線のうち海側2線は下り急行線と緩行線から入線できるが、折り返しても上り緩行線にしか入線できない。反面山側の2線は下り緩行線からしか入線できず、折り返すと上りの緩行線と急行線の両方に入線できる配線になっている。

複線になってすぐに海側に横取線があり、下り本線とは乗り上げポイントで接続している。

鶴瀬駅は島式ホーム1面2線だが、下り線の

右：和光市駅から小川町寄りを見る。中央2線が引上線を兼ねた東京メトロ和光車庫への入出庫線。左右に東上線の緩行線が分かれる

右下：左の高架線が和光車庫への入出庫線。右の2線は上り緩行線と急行線でシーサスポイントが置かれている

左下：池袋寄りから見た志木駅。上下とも緩行線と急行線の間にシーサスポイントがある

海側に貨物待避線、上り線には貨物側線があった。待避線の線路はまだ残っているが下り本線とはつながっていない。貨物側線のほうは横取線になって上り本線とは乗り上げポイントでつながっている。その先で保守車両の転線用に乗り上げポイントによる上下線間に逆渡り線がある。

ふじみ野

ふじみ野駅は島式ホーム2面4線の追越駅で、平成5年（1993）11月に開設され

志木駅の小川町寄りを上り急行線から見る。緩行線が内側に分かれ、山側にある引上線２線が１線に合流してから急行線への渡り線と途中で交差している

志木駅の下り緩行線側から小川町方にある引上線を見る。緩行線は下り本線への渡り線が分岐した先にシーサスポイントがあって、その先で山側では２線の引上線に分かれる。海側では急行線からの分岐線との間にシーサスポイントがあって２線の引上線がある

上り緩行線側から小川町寄りの下り線方を見る。左下の下り緩行線から下り本線への渡り線と下り急行線から引上線への分岐線とが交差している。その先で分岐線は下り緩行線からの線路とシーサスポイントでつながり、奥に２線の引上線になる

た。海側にも増設用用地を確保したが、山側にもっと多くの用地を確保していたので、内側の上下本線のホームは山側に寄っている。

このため下り待避線は池袋寄りで先に分岐し、小川町寄りで先に合流している。小川町寄りでは上下本線間がやや広がって離れ、上り待避線は小川町寄りの通常の上下本線の間隔になったところで分岐している。上下渡り線は設置されていない。

上福岡・新河岸

上福岡駅は島式ホーム1面2線で小川町寄りに引上線がある。また山側に貨物待避線が置かれていたが廃止され、一部の線路は残っている。引上線は常時使われておらず、夜間に滞泊留置されるだけである。

新河岸駅も島式ホーム1面2線で、貨物取扱をしていたために海側の下り線側は2線の側線、上り線側は貨物待避線があった。

貨物待避線の池袋寄りのポイントは撤去され、小川町寄りは乗り上げポイントに変更されて長

右：志木駅の海側にある2線の留置線
右下：鶴瀬駅の山側にある横取線
左下：池袋寄りから見たふじみ野駅。2面4線だが、上り線は山側に寄って小川町寄りにずれている

い横取線に転用されている。海側も下り線とのポイントは乗上式に変更されて横取線になっている。小川町寄りに乗り上げポイントによる上下線間に順渡り線がある。

川越・川越市

ＪＲ川越線を乗り越した先で同線と並行して川越駅となる。川越線は島式ホーム２面３線だが、東上線は相対式ホーム２面２線になっている。線路番号は山側が１番でＪＲ川越駅は３～５番線と連番になっている。

川越線は単線になってさらに並行し、西武新宿線を乗り越すと川越線は左に曲がって分かれる。その先に川越市駅がある。

島式ホーム２面４線で南栗橋管理区川越工場が海側に併設されている。下り本線は海側の１番線、２番線の副本線は１番線から分岐する形になっている。上り本線は山側の４番線、副本線は３番線である。

小川町寄りで左にカーブしており、上下線間に２線の引上線がある。引上線の駅寄りにシー

左：上福岡駅から小川町寄りを見る。上下線間に引上線がある
右下：池袋寄りから見た新河岸駅。右側に上り貨物待避線が残されている
左下：池袋寄りから見た川越市駅

サスポイントがあり、そのまま進むと上下線の副本線につながり、上り線は渡り線で4番線につながっている。下り線側も渡り線でつながっているが、下り本線とはシングルスリップスイッチでつながり、交差したほうは1線の留置線につながっている。その池袋寄りに工場への出入線がある。

川越工場は10両編成対応が1線のみ、そのほかに各種機器の検査をする建屋に入る側線など7線の側線群と検査棟に並行する側線1線、その側線に入る車両を牽引するモーターカー用の機回線などがある。

坂戸

坂戸駅は越生線との分岐駅だが直通運転はない。越生線の電車を森林公園の車庫や川越工場に出入りできるように東上線の上下線に逆渡り線、その先に越生線の引上線への線路に接続する渡り線がある。

島式ホーム2面4線で海側が越生線の発着線でホームは短い。貨物列車牽引の電気機関車の

右：上り1番線から小川町寄りを見る。奥に見えるシングルスリップスイッチで交差している線路は工場から引上線へのもの

右下：上り本線から小川町寄りを見る。奥に2線の引上線がある

左下：池袋寄りから見た坂戸駅

機関区があった。一部の線路が残っている。東上線は大きく右カーブしているその先の直線になったところに逆渡り線がある。

高坂

高坂駅は島式ホーム1面4線で池袋寄りに順渡り線があり、両外側に元貨物着発線の副本線が置かれている。追越線ではなく異常時の一時留置に使われている。

川越工場で検査を終えた10両編成の電車が同駅まで試運転されて、上り副本線に転線して折り返している。副本線の小川町寄りに機待線が置かれている。

森林公園

森林公園駅は車庫（森林公園検修区）が隣接し、島式ホーム2面4線になっている。池袋寄りに逆渡り線があり、海側の下り副本線の1番線はこの渡り線を通って池袋方面に出発できる。

小川町寄りの内方にシーサスポイントがあるとともに、下り副本線と本線の間にもシーサス

左：小川町寄りの下り線から見た坂戸駅。右側のホームは越生線用
右下：坂戸駅を発車した川越特急小川町行
左下：池袋寄りから見た高坂駅

ポイントがあって下り副本線側を進むように車庫への入出庫線がつながっている。また、入出庫線から下り副本線に並行して車庫の引上線が置かれている。小川町寄りで下り本線からの入出庫線もある。山側には保守基地の線路が置かれている。

車庫の駅寄りに入出庫線の海側に7線の検修線があり、その奥に3番から8番の5線の留置線と本線下り線から分かれる1番線と2番線からなる下り引上線がある。さらに奥には12番から14番と48番から50番の6線の洗浄線と、15番から47番の32線の留置線がある。

小川町

島式ホームの武蔵嵐山駅を過ぎてしばらくすると嵐山信号場があって、上り線が分岐する形で複線から単線になる。

八高線が斜めに乗り越して並行して小川町駅となる。東上線は山側に島式ホーム1面2線（3、4番線）と海側に寄居方面からの折返用の行止り線（1番線）が反対側にある片面ホー

右：小川町寄りから見た森林公園駅
右下：森林公園車庫の端部からも入出庫線が上り本線につながっている
左下：池袋寄りから見た小川町駅

ム1面1線（2番線）の4線に元貨物着発線（5番線）が山側にある。寄居寄りに引上線がある。

八高線は島式ホーム1面2線（高崎行が7番線、高麗川行が8番線）の両側に貨物着発線（6番線と9番線）が置かれているが、貨物着発線は使われておらず、また、東上線とは線路がつながっていない。

基本的に池袋方面からの電車は2番線で折り返し、寄居駅からの電車は1番線で折り返して同じホームで乗り換えるようにしているが、ときおり、3番線で寄居方面からの折り返し、4番線に池袋方面からの折り返しがある。令和5年3月から昼間時の午後の時間帯と早朝の森林公園出庫電車、深夜の森林公園入庫の電車は寄居駅を通り越して森林公園―寄居間の運転になっている。昼間時午後の電車は森林公園駅で急行池袋行に連絡する。

八高線の切符も東武が扱い、八高線との境目の跨線橋には簡易スイカ改札機が置かれている。

左：小川町駅から池袋寄りを見る。小川町駅以遠はD-TATC化されていないので出発信号機がある
右下：左の２番線に快速急行池袋行が停車、右の１番線に寄居発小川町止まりが停車して連絡している
左下：寄居寄りから見た小川町駅。手前右の線路は引上線

東武伊勢崎線

東武伊勢崎線は浅草—伊勢崎間114・3㎞の路線だが、浅草駅から日光線が分岐する東武動物公園駅までの41・0㎞を取り上げる。

とうきょうスカイツリー—曳舟間が線路別複々線になっている。とうきょうスカイツリー駅と同一駅になっている押上駅と曳舟との間がもう片方の複線である。押上駅で東京メトロ半蔵門線と接続して相互直通運転をしている。曳舟駅では亀戸線と接続しているが、亀戸線が2両編成で運行されていて直通運転はない。

北千住駅から北越谷駅まで緩行線が内側になった方向別複々線になっており、北千住駅で東京メトロの日比谷線と接続して相互直通運転をしている。西新井駅で大師線が分かれているが亀戸線と同様に2両編成なので直通運転はない。

春日部駅で野田線と接続しており、リバティを使う「アーバンパークライナー」が夜間に浅草駅から柏と大宮へ片方向だけ直通している。

右：スカイツリーから見た浅草駅と隅田川橋梁。主に浅草—赤城間を走る特急「りょうもう」号が隅田川橋梁上にあるシーサスポイントで転線して大きくカーブしている浅草駅に入線中
右下：正面改札口から見た浅草駅
左下：2、3番線の終端を見る。左側の3番線はやや動物公園寄りにずれている

そして東武動物公園駅で日光線が分岐している。
伊勢崎線では東武動物公園駅に向かって右側を海側、左側を山側として説明する。西武やJRと同様に駅本屋がある側の線路を1番線にしているが、高架化された駅は上り線（海側）側から1番線にしている。

浅草駅

浅草駅は頭端櫛形ホーム3面4線で、ホームの東武動物公園寄りで右に大きくカーブをしている。

海側の1番線は片側にだけホームに面している。終端は他の発着線よりも奥に延び、8両編成が乗り入れることができる。

しかし、8両編成が停車すると東武動物公園寄りの車両の扉とホームとの間に大きく隙間ができるので、東武動物公園寄りの2両は扉を開けず、終端寄り6両の扉を開ける。そのため東武動物公園寄りの線路に面した2両分のホームには柵を設置されている。現在は6両編成しか発着しない。

左：左が１番線で終端部は他よりも奥に延びている。右は２、３番線

右下：１番線は８両編成が入線できるが、動物公園寄りは大きくカーブしているので８両編成の後部２両は乗降できないように柵が設置されている。このため８両編成の場合、乗務員もホームとの扉が開いている６両目以降から乗り降りする

左下：１番線の動物公園寄りの柵とその向こうの２番線に停車している北千住行普通。こちらも動物公園寄り２両の扉は開かないが、乗務員の乗り降りのために柵はない

2、3番線の中央の2線は両片側にホームがあって囲まれている。4番線は乗降分離の両側ホームになっているが5番ホームは閉鎖されている。いずれも6両対応のホームの長さがある。2、3番線は1番線ほどではないが終端は奥まで延びているので、まだそんなに東武動物公園寄りでホームと扉の間に大きな空間は開いていない。2番線は一般電車が発着する。

3、4番線は特急の発着線になっている。東武動物公園寄りは大きく空間があるので、停車すると車両の扉とホームの間に渡り板が架けられる。

大きく右にカーブしながら1、4番線が2、3番線と合流し、ほぼ直角に曲がった隅田川橋梁上にシーサスポイントが置かれている。このため交差支障率は66・7%になっている。

とはいえ朝ラッシュ時では区間急行、閑散時は浅草―北千住間の普通がほぼ10分毎に発着するだけ、これに1時間に2、3本の特急が発着するだけだからさほど問題はない。

右：特急が発着する4番線の動物公園寄りの半分以上の車両では扉とホームの間に渡り板が架けられて安全に乗降できるようにしている

右下：動物公園寄りから見た1~3番線

左下：隅田川橋梁上にあるシーサスポイント

とうきょうスカイツリー・押上

とうきょうスカイツリー駅は島式ホーム1面2線の高架駅で東武動物公園寄りは地上に降りていた。これを東武動物公園寄りに150m移設して曳舟駅まで高架にする連続立体交差事業が行われている。

完成後には上り線は片面ホーム、下り線は島式ホーム2線とし、山側に2線の留置線を設置する。現在は上り線が高架になっている。令和6年度完成を予定している。

とうきょうスカイツリー駅と同一駅扱の押上駅は島式ホーム2面4線で外側が曳舟方面

上り線は新しい片面ホームに移っている

下り線はまだ以前からの島式ホームの山側で乗り降りする。右側の下り線に面したほうは柵が設置されている

上り線の新ホーム（奥）と旧ホーム（左手前）の間には地上にある留置線との連絡線が接続している

との上下線で内側が押上駅折返の半蔵門線電車の折返線である。

渋谷寄りの内方にシーサスポイントがあって折返電車と伊勢崎線直通電車との交差支障にならないようにしている。内側の2線はホームの先で右カーブ、つまり右に寄って、かつ降りている。将来の四ツ木方面への延長に備えて東武直通線の渋谷方面の線路をくぐれるように準備されている。

両側の直通線は押上駅を出ると33‰の上り急勾配で地上に出て、現在高架化工事中の浅草方面で上下の間に入り込む。この工事中の高架線は25‰の下り勾配で直通線と合流して

半蔵門寄りから見た押上駅。内方にシーサスポイントがある

押上駅の内側の3、4番線はすぐに行止りになっておらず、ホームを通り越してから右カーブしながら下って止まっている。上部で曳舟方面下り線が通っている

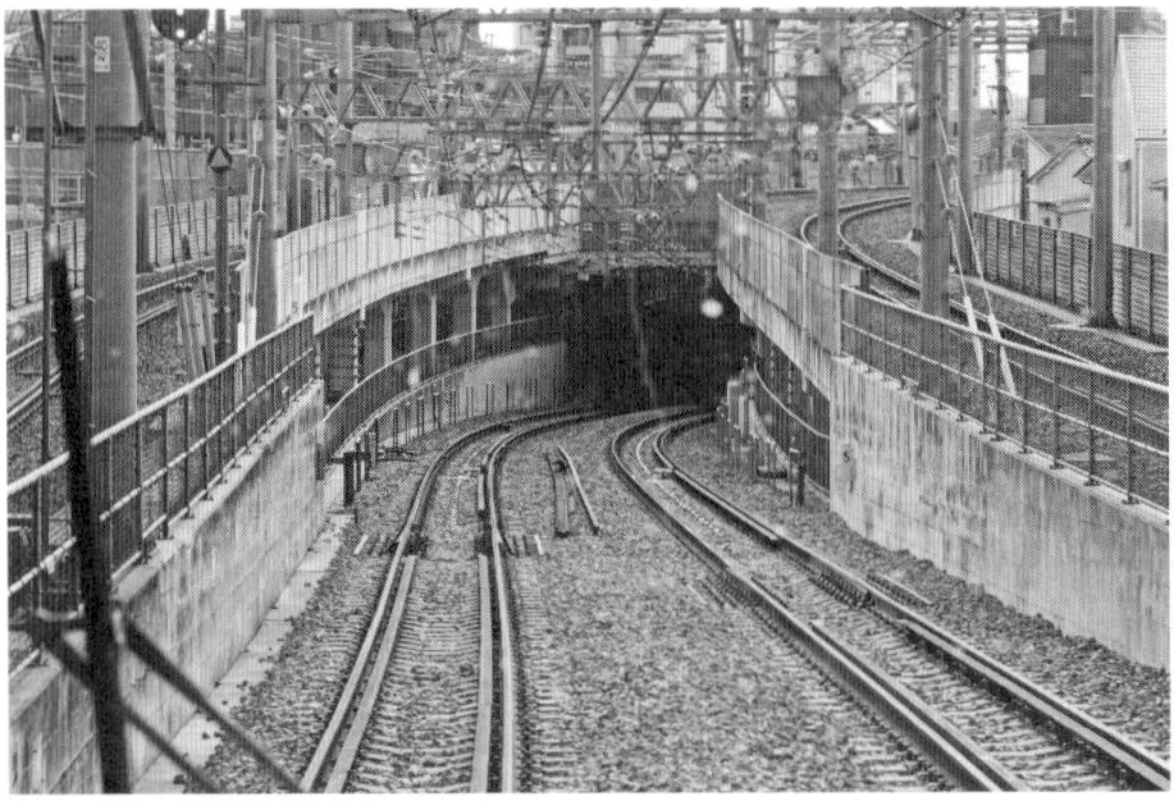
押上駅からの地下線は浅草方面との上下線の間で地上に出る

から両線は10‰続いて5‰の上り勾配になって曳舟駅に達する。

押上—曳舟間の実距離は1kmだが、営業キロはとうきょうスカイツリー—曳舟間と同じ1・3kmにしている。

曳舟

曳舟駅は島式ホーム2面4線と亀戸線の発着線として1面1線がある。伊勢崎線の発着線の内側が半蔵門線直通線、外側が浅草からの線路になっている。

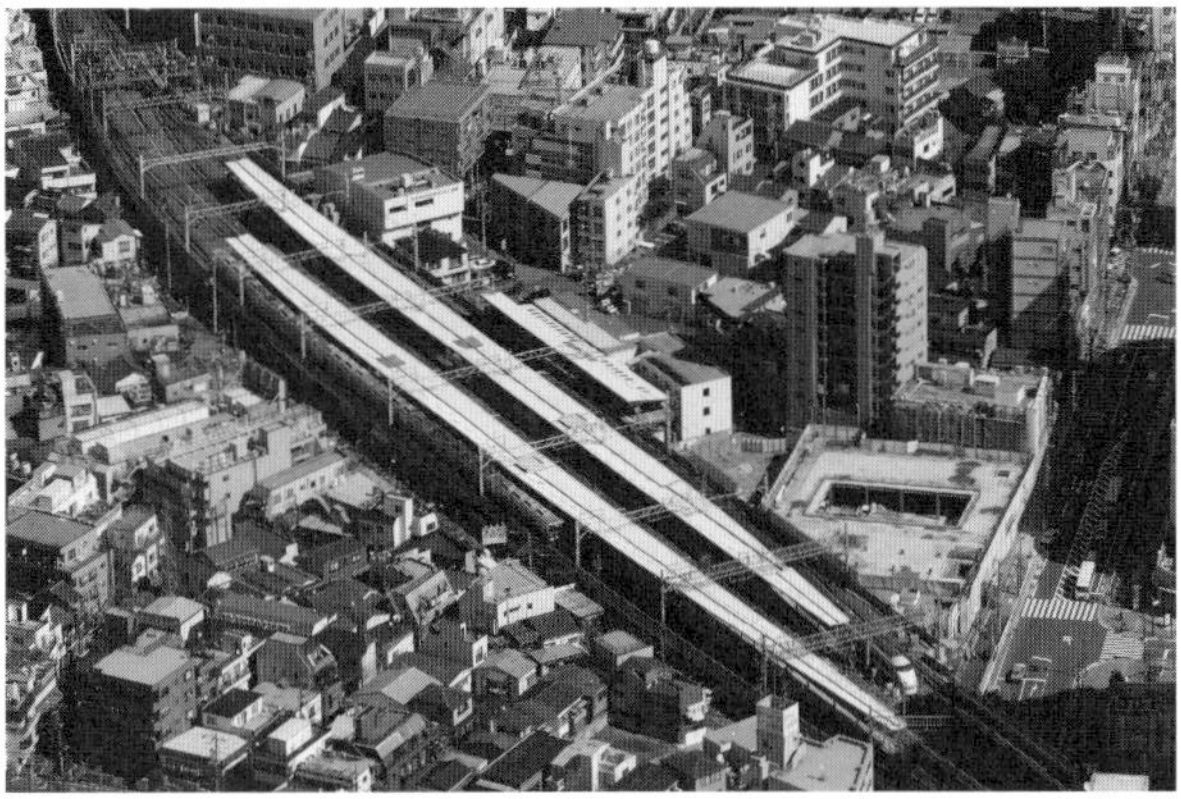

スカイツリーから見た曳舟駅。右下が浅草・押上方面

浅草方面から見た曳舟駅。右から亀戸線、浅草方面上り線、押上方面上り線、押上方面から動物公園方面への下り線、浅草方面から動物公園方面への下り線

曳舟駅から押上・浅草寄りを見る。左の電車が6両編成の浅草行区間急行、その隣が10両編成の中央林間行で伊勢崎線内は急行、右の電車は浅草発北千住行普通。上下とも同駅で浅草発着と半蔵門線直通は緩急接続をしている

浅草寄り直通線の上下線間に逆渡り線があるとともに上り直通線から浅草方面の線路までの間にも渡り線がある。さらに亀戸線との渡り線もある。東武動物公園寄りにはシーサスポイントが置かれている。

鐘ヶ淵

鐘ヶ淵駅は東武動物公園に向かって半径250mの左急カーブ上にあり、通過線と停車線に分けた新幹線タイプの相対式ホーム2面4線の追越駅である。

浅草寄りは少しだけ直線になっていて下り線は通過線が片側分岐し、上り線は停車線が通過線に合流する形態になっている。

北千住

北千住駅は日比谷線直通の緩行線ホームが高架の3階、浅草方面発着線が地上にあってコンコースは2階にある3段式の駅である。

3階は島式ホーム2面3線だが、日比谷線からの上り発着線1線（5番線）と日比谷線へ直

右：動物公園寄りから見た曳舟駅。動物公園寄りの曳舟宝通り乗越橋は単線並列複線なので、上り線のほうが先に曲がっているために上下線が離れている
右下：曲がってから直線になったところにシーサスポイントがある
左下：鐘ヶ淵駅から浅草方を見る

通する2線（6、7番線）があり、中線である6番線の5番線側のホームとの間は柵があって乗降はできない。東武動物公園寄りに引上線が2線ある。

朝ラッシュ時には同駅始発の日比谷線電車が6番線に停車、伊勢崎線からの直通電車が7番線に入線して扉が開くのを待ってから北千住始発の電車が先に発車する。これによって直通電車から始発電車に乗り換えるように促して直通電車の混雑を緩和している。

浅草駅方面からの線路は島式ホーム2面4線で上り線の外側、つまりJR常磐線側の東武動物公園寄りに特急ホームがある。駅の浅草寄り牛田駅手前まで長い引上線があり、北

鐘ヶ淵駅は大きくカーブしている

動物公園寄りから見た鐘ヶ淵駅。右側の山側に保守基地がある。上り停車線との合流は通常のポイントになっている

浅草寄りの牛田駅近くから上下線の間に北千住駅の３線（左から引上３番線で右端が引上１番線）の引上留置線がある

千住寄りに引上4、5番線の2線、牛田寄りに引上1～3番線の3線、計5線、5列車が留置できる。

地上ホームの内側は緩行線、外側は急行線で、東武動物公園寄りに上下線ともに、急行線と緩行線の間にシーサスポイントがあり、その先で高架になり、3階からの日比谷線直通線が緩行線に合流して、緩行線が内側、急行線が外側の複々線になって荒川を432mの荒川放水路橋梁で渡る。

基本的に各停しか停まらない駅は緩行線の上下線の間に島式ホームがあるが、梅島駅は

北千住駅の浅草寄りにある引上留置線の1番線と3番線は2線になり、その動物公園寄りにシーサスポイントがある。また、下り線は内側の緩行線と急行線が、引上げ留置線が3線になる手前までそのまま浅草方面へ延びている

北千住駅寄りの上り急行線から浅草方を見る。左手前に延びているのが上り急行線、そこから分岐して引上線に向かう線路と交差しているのが上り緩行線、上り緩行線からも引上線への線路が分かれている。奥の2線は引上線と下り本線で、引上線は順・逆2組の渡り線があった先で北千住駅ホームの下り緩行線に入りこむ

北千住駅の上り緩行線から浅草方を見る。上部に日比谷線直通のホームとコンコースが覆いかぶさっている。右の下り緩行線は奥で急行線との渡り線がある

線路の幅がとれなかったので、幅が狭い片面ホームを直列に並べている。浅草寄りが上りホーム、東武動物公園寄りが下りホームになっている。

西新井駅は上下線とも緩行線と急行線との間にホームがある。これに大師線の島式ホーム1面2線が山側にあり、大師線の2番線が下り急行線と接続している。詳しくは『配線から読み解く鉄道の魅力②』を参照していただきたい。

3階の日比谷線直通ホームを動物園方から見る。左側に2線の引上線があり、シーサスポイントを介して右側で下り線と接続、上り線とはさらに奥にあるやや変形したシーサスポイントで接続している。とくに山側の引上線からシーサスポイントで分かれたところから中線の6番線の手前まで直線になっている

日比谷線直通線が降りてきて浅草線の緩行線と合流してすぐに荒川橋梁を渡る。浅草線緩行線は奥で急行線との間にシーサスポイントで行き来できるようにしている

普通だけ停まる五反野駅を動物公園寄りから見る。緩行線の上下線の間に島式ホームがある

竹ノ塚

竹ノ塚駅は高架化され、緩行線の上下線間に島式ホームがあり、上下緩行線と上り急行線の3線は一体化した高架になっているが、下り急行線は西側に離れて他よりもやや高い単独の高架線になっている。その間に浅草寄り山側の地上にある東京メトロの車庫（千住検車区竹ノ塚分室）からの入出庫線が下り急行線と緩行線の下をくぐってから高架になって緩行線につながっている。下り急行線と緩行線の間にも入出庫線を設置して下り緩行線に接続する予定だが、なくても不都合はないためか、まだ完成していない。

東武動物公園寄りに引上線もまだ完成していないために、竹ノ塚駅折返電車は草加駅に新たに設置された引上線まで回送されて折り返している。

草加

草加駅は島式ホーム2面6線で、一番

竹ノ塚駅から浅草方を見る。右端の高架線は下り急行線、その隣の中央は下り緩行線、左隣りから東京メトロの入出庫線が下り緩行線に合流している。左の2線は上りの緩行線と急行線

梅島駅の上下各線の片面ホームの境目を見る。日比谷線直通の上り中目黒行が停車している。その手前は下り線に向いた片面ホームになっている

上り緩行線から見た工事中の竹ノ塚駅引上線。シーサスポイントまではできている

竹ノ塚駅の動物公園寄りにある引上線は工事中

外側の線路は特急の通過線になっており、ホームに面していない。基本的に急行は同駅で特急を待避する。緩行線を走る各停は待避に関係がないために、待避のために停車している急行をしり目に後からきて先に発車することもある。

東武動物公園寄りの緩行線の上下線の間にY字形分岐で1線の引上線が増設されているが、同駅での各停の折り返しはない。前述したように竹ノ塚駅の引上線が高架化工事が完成するまで竹ノ塚駅折返の各停は草加駅まで回送されて折り返している。

越谷

手前の新越谷駅はJR武蔵野線の上を乗り越して同線の南越谷駅と連絡している。急行が停まるので島式ホーム2面4線になっている。

動物公園寄りの上り急行線から見た草加駅。引上線が増設されている。左側の上り急行線は通過線と停車線の2線に分かれている。当然、通過線は緩くカーブしてその先で停車線が分かれている。下り線側の急行線も通過線と停車線の2線に分かれている

上り緩行線から竹ノ塚駅を見る。左の線路は東京メトロの竹ノ塚車庫からの入出庫線。緩行線の上下線とつながっている

下り急行線から見た越谷駅。草加駅と同様に上下の急行線は停車線と通過線に分かれている。通過線と停車線が合流した動物公園寄りで下り急行線と緩行線の間には横取線がある。上り線では浅草寄りに緩行線と急行線の停車線から分岐した横取線がある

入出庫線と上り緩行線と急行線は先に地上に降りる。入出庫線は高架の下り緩行線と急行線の下を横切って山側にある竹ノ塚車庫に入っていく。そして浅草寄りで下り緩行線と急行線は地上に降りる

越谷駅も草加駅と同じ急行線に通過線と停車線がある島式ホーム2面6線になっている。上り線の浅草寄りの緩行線と急行線の停車線から乗り上げポイントでY字分岐する横取線、東武動物公園寄りの下り線にも同様な配線の横取線がある。

北越谷

北越谷駅で複々線は終了する。同駅は島式ホーム2面4線で浅草寄りの下り線は急行線から緩行線へ、上りは緩行線から急行線へ転線できる渡り線が置かれている。

東武動物公園寄りは上下線の間に引上線が3線置かれている。下り緩行線はすぐに下り急行線と合流する。このとき下り急行線から引上線への渡り線と交差する。上り線では少し手前で上り本線から緩行線が分かれる。これによってラッシュ時に各停を後追いをする優等列車が急行線に迅速に入線できるようにしている。

大袋駅は島式ホーム2面4線だったが、待避追越駅を次の島式ホーム2面4線のせんげん台

右：浅草寄りから見た北越谷駅。北越谷駅に入る手前の直線区間に上下線とも急行線と緩行線間の渡り線がある
右下：北越谷駅から動物園方を見る。同駅から複線になるので上下線間に引上線が3線あって上下の急行線、緩行線から行き来でき、さらに緩行線は急行線に合流するために複雑な配線になっている。引上線はまずは2線があり、そこにシーサスポイントを設置、海側の線路が2線に分かれて3線になる。また、上り緩行線は3線になる引上線あたりで急行線から分かれている
左下：動物公園寄りから見た大袋駅。左右に元待避線を流用した横取線がある

駅に統一して相対式ホーム2面2線にした。東武動物公園寄りに上下線とも横取線がある。これがかつての待避線の名残りである。

春日部

春日部駅は野田線との接続駅である。野田線は島式ホーム1面2線で柏寄りに引上線が2線設置されている。

伊勢崎線は上り線が片面ホームに面しており、下り線は島式ホームになっている。ホームに面していない副本線が2線ある。

東側の海側の片面ホームに面しているのが上り本線1番線、次に副本線で2番線の中線があり、この2線は浅草方面にしか出発できない。

その次の3番線が島式ホームの内側にあり下り本線である。当然東武動物園方面にしか出発できない。島式ホームの外側が副本線1番線で両方向に出発できるとともに両方向で野田線と接続して直通ができる。その山側にホームに面していない副本線2番線がある。こちらも両方向に出発できる。

左：動物公園寄りから見たせんげん台駅。島式ホーム2面4線だが、上下線間に渡り線はない
右下：浅草寄りから見た春日部駅。右側の片面ホームと中央の島式ホームが伊勢崎線、左端に野田線の島式ホームがある
左下：動物公園寄りから見た春日部駅

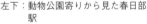

浅草寄りに3線の留置線と2線の保守車留置線があり、上下本線間に逆渡り線、順渡り線が並んでから上下の本線、副本線が分かれる。東武動物園寄りでは上下本線間に順渡り線がある。

北春日部

北春日部駅には車庫（南栗橋車両区春日部支所）があるために両側に通過線がある島式ホーム1面4線になっている。上り通過線が1番線でホームに面している上り待避線が2番線、下り待避線が3番線になっている。このためホームの発着案内も2番線と3番線になっている。そして下り通過線が4番線である。

上り通過線の浅草寄りで車庫の引上線が接続している。出庫して上り本線に入線できるように出発信号機がある。東武動物公園寄りの上下線間に2線の引上線がある。引上線間にシーサスポイントがあり、海側引上線寄りはシングルスリップスイッチになっていて上り本線、車庫内の通路線も横断している。本線との横断はシングルスリップスイッチ、通路線とはダブルス

右：浅草寄りから見た北春日部駅。島式ホーム1面で両外側に通過線がある4線になっている
右下：北春日部駅の下り通過線から動物公園寄りと車庫を見る
左下：動物公園寄りの下り線から北春日部駅を見る

リップスイッチになっている。

車庫内はまず8線（2番線から10番線）の検修線と車輪転削線などと、通路線代わりの電留線1、2番線がある。その奥に11番線から14番線の洗浄線、15番線から49番線の留置線がある。

東武動物公園

東武動物公園駅は日光線との分岐駅で島式ホーム2面4線と2線の副本線がある。浅草寄りに逆渡り線、続いて下り線の副本線への分岐線があって、その先に順渡り線がある。

海側に側線が1線あってこれが1番線、次にホームに面した2番線がある。2番線は浅草方面にしか出発できない。島式ホームの反対側の3番線は両方向の浅草・伊勢崎・日光方面に出発できる。

もう一つの山側の島式ホームの内側が4番線、外側が5番線で伊勢崎・日光方面にしか出発できない。2線の副本線は上下両方向に出発できる。

貨物列車が走っていた時代は杉戸が駅名だった。このときは貨物側線や引上線が多数あった

左：北春日部駅の上り停車線から動物公園・車庫方を見る。車庫への渡り線がシングルスリップスイッチで横切り、さらに車庫の1番線（通路線）とはダブルスリップスイッチで横切っている
右下：浅草寄りから見た東武動物公園駅
左下：東武動物公園駅から伊勢崎寄りを見る

が、浅草寄り海側の引上線、副本線の山側にある保守用側線くらいしか残っていない。伊勢崎線の和戸寄りの上下線間に引上線が2線あり、日光線が海側から分かれる。

4、5番線から伊勢崎・日光の両方面に同時に出発、伊勢崎・日光の両方面から2、3番線に同時に進入できる配線になっている。また、日光線からの進入電車は日光線下り線と伊勢崎線上下線と交差支障を起こさない配線になっている。しかし、伊勢崎線上り電車と日光線下り電車とは交差し支障を起こしている。

伊勢崎寄りには2線の引上線がある。左の下り線と海側の引上線との間、2線の引上線の間にシーサスポイントがある

伊勢崎線上り線から見た東武動物公園駅。交差しているシングルスリップスイッチは日光線下り線

日光線上り線から見た東武動物公園駅。日光線上り線は右手前にある引上線とつながっているだけ、右の日光線下り線は駅の3、4番線と奥でつながっているだけでなく、1番線とは2組のシーサスポイントと伊勢崎線上り線と交差するシングルスリップスイッチを介してつながっている

京成本線

京成本線は京成上野—成田空港間69・3㎞の路線である。青砥駅で都営浅草線と相互直通している押上線と合流、京成高砂駅でスカイアクセス線が分岐、金町線と接続している。青砥—京成高砂間は複々線になっている。また、スカイアクセス線の京成高砂—印旛日本医大間は北総鉄道線でもある。

京成津田沼駅で千葉線が分岐、京成成田駅の先の駒井野分岐部で東成田線が分岐し、空港第2ビル駅でスカイアクセス線と合流する。

駒井野分岐部—成田空港間は成田高速鉄道が第3種鉄道事業者、京成電鉄は第2種鉄道事業者である。京成本線は京成電鉄が第1種事業者である。

第1種鉄道事業は自らが鉄道線路を敷設し、運送を行うとともに自己の線路容量に余裕がある場合は第2種鉄道事業者に使用させることができる事業である。

第2種鉄道事業は第1種鉄道事業者または第3種鉄道事業者が敷設した鉄道線路を使用して運送を行う事業である。

第3種鉄道事業者は、鉄道線路を建設して第1種鉄道事業者に譲渡するか、または、第2種鉄道事業者に使用させる事業で自らは運送を行わないとしている。

スカイライナーは上野—成田空港間の運転で、上野—京成高砂間は京成本線、京成高砂—空港第2ビル間はスカイアクセス線を走る。

一般電車は特急と快速特急が昼間時20分交互、つまり各々40分毎に走り、快速は青砥駅で押上線・都営浅草線直通の西馬込—成田空港間で20分ごとの快速も運転される。朝ラッシュ時上りは通勤特急が京成上野まで直通するが、快速特急は押上線に入って都営浅草線に直通する。

青砥─京成高砂間の複々線区間にはスカイアクセス線と都営浅草線を通る各種列車が通り抜けている。

なお京成本線では成田に向かって右側を海側、左側を山側として説明する。線路番号は他の私鉄が下り線側から1番にしているが、京成は上り線（海側）側から1番にしているところが多い。押上線と都営浅草線も上り線側を1番とし、京急は下り線から1番になっているものの、成田から京急三崎口に向かって左端のほうの線路がすべて1番線になっている。

京成上野

京成上野駅は地下にあり、頭端島式ホーム2面4線である。成田寄りの外方にシーサスポイントがあるだけなので、交差支障率は66・7%と高い。朝ラッシュ時上りの到着電車は20分サイクルに通勤特急1本、普通4本に加えて、た

右：成田寄りから見た上野駅。外方にシーサスポイントがあるだけである。左の1、2番線が主としてスカイライナーが発着する。ホームの長さは18m車10両編成ぶんがある

右下：3番線の頭端側にある通路からスカイライナーが発着する1、2番線に行けなくはないが、ロープで行けないようにしている。緩衝器が設置されており冒進してしまっても被害を軽減するようにしている

左下：上野寄りから日暮里駅の上下線分岐部を見る

まにモーニングライナーが走り、スカイライナーの回送も1本加わる程度で平均運転間隔は3分20秒程度である。下り出発も20分サイクルにスカイライナーが1本、特急が1本、普通が4本だから平均運転間隔は3分20秒であり、さほど過密でないから交差支障率が高くても問題はない。

日暮里

日暮里駅はポイントがないものの、下り線が高架3階にあり、地上に上り線、その間の

上野寄りから見る日暮里駅の上段下り線はスカイライナー用ホーム（右）と一般用ホーム（左）に囲まれている

成田寄りから見る日暮里駅の下段上り線は片面ホームになっている

成田寄りから日暮里駅の上下線分岐部を見る

2階はコンコースになっている。下り線は両側ホームで海側の1番線がスカイライナーやモーニングライナー、イブニングライナーの乗降ホーム、山側の2番線が一般電車の乗降ホームになっている。

スカイライナーなどに使用するAE形は片側に1か所しか扉がなく、一般車は3扉などでドアの位置が違う。乗降ホームを分けることで扉の位置と合わせたホームドアが設置されるようになった。

1階の上り線は山側に片面ホームがあり、ホーム番号は0番になっている。

千住大橋

千住大橋駅は島式ホーム2面4線で内側が本線、外側が待避線の副本線である。上野寄りに逆渡り線があり、下り本線の3番線は上野に向けて折り返しができる。

青砥

青砥駅は下り線が上になっている上下2段式

右：上野寄りから見た千住大橋駅。島式ホーム2面4線で、上野寄りに逆渡り線があって上り線を引き上げて転線して下り線に転線できるように入換信号機が置かれている。下り本線の上野寄りに出発信号機があって上野方面からの折返もできるが、下り待避線（副本線）側には出発信号機はない

右下：成田寄りから見た青砥駅の上段にある下り線。右が京成本線、左が押上線。押上瀬から引上線が海側に分かれている

左下：成田寄りから見た青砥駅の下段の上り線。シーサスポイントがある

の高架駅で、上下線とも押上線とで島式ホームになっている。

下り線の成田寄りで押上線から引上線への連絡線が分かれている。上り線は成田寄りにシーサスポイントがあり、その向こうで引上線からの渡り線が押上線側に接続している。

下り線が降りてきて上り線、それに引上線と同じ平面になる。そして方向別複々線で中川を174mの中川橋梁で渡る。

京成高砂

京成高砂駅は島式ホーム2面4線と高架の金町線の片面ホーム1面1線がある。金町線と本線・スカイアクセス線との間に扇状に広がった車庫（高砂検車区）がある。

車庫との入出庫のためと本線とスカイアクセス線の双方の転線のためのポイントが輻輳している。成田寄りで複々線の内側の上下線間にシーサスポイントがあり、その向こうでは上り線の内側線から外側線への渡り線、下り線は内外側の2線間にシーサスポイントがある。そして下

左：右の上り線は下り勾配になり、下段の下り線とで方向別複々線になる。左の引上線も降りていく
右下：青砥駅の下段から成田方を見る。左の下り線が先に下の方に降りており、右側の引上線は上り押上線と接続している
左下：左側に引上線がある。押上線の青砥折返電車は上段の下り線から引上線経由で下段の上り線に転線できる。右側の複線の下り線の間には渡り線がある

り外側線から2線の入出庫線、上り内側線から下り線穂横断しての入出庫線が分かれる。さらに上り外側線から内側線への渡り線がある。

その先で海側からスカイアクセス線の上り線、本線上り線、スカイアクセス線下り線、本線下り線の順に並んで、スカイアクセス線の上り線は本線上下線を乗り越し、下り線は本線下り線を乗り越して本線と分かれていく。

京成小岩

京成小岩駅は島式ホーム2面4線で上野寄りの内方に逆渡り線があって、下り3番本線に上野方面から進入して折り返しができる。下りの電車が上野に向けて折り返すとき下り成田方面行は4番線に入るから、この電車と上野方面に出発する電車とは交差支障を起こさない。

上野寄りの下り本線に引き上げて逆渡り線を通って3番線に入って成田方面からの折り返しは配線上できるが、入換信号機が上野寄りの上り本線に置かれていないので、成田方面からの折り返しは信号回路上できない。

右：上野寄りから見た京成高砂駅
右下：京成高砂駅から成田方を見る。2、3番線間にシーサスポイントがり、その左側の下り京成本線、北総線の順に並び、これら2線との間にもシーサスポイントがある。右側では山側から上り京成本線、北総線の順に並んでいる。上下の北総線が高架になって京成本線を跨いで分かれていく
左下：上野寄り内方に逆渡り線がある京成小岩駅

市川真間

市川真間駅も島式ホーム2面4線だが、上野寄りにある逆渡り線は外方にある。このため下り3、4番線の両線とも上野方面に折り返しができる。

さらに逆渡り線が接続する上り本線には成田方面に折り返してができるように入換信号機が設置されている。

東中山

東中山駅も島式ホーム2面4線だが、上り待避線が上り本線に合流する位置を上野寄りに伸ばして逆渡り線を内方に設置している。これによって下り3番線で上野方面からの折り返しができる。上り本線上で折り返して逆渡り線を通る成田方面らの折り返し運転はできない。

成田寄りの内方には順渡り線があり、これを通って上り電車が下り3番線に入線して成田方面へ折り返しができるようにしている。また成田寄り山側に引上線が置かれて、3、4番線と行き来できる。4番線に停まっている電車が引上線まで行って折り返して3番線に入線、そし

左：市川真間駅から上野方を見る。上野寄りの外方に逆渡り線があり、右の下り本線と待避線には上野方への出発信号機が置かれている

右下：上野寄りから見た東中山駅。内方に逆渡り線がある

左下：東中山駅から成田方を見る。内方に順渡り線があり、かつての同駅折返電車は下り本線2番線に入線して折り返していた。奥の山側に引上線があって下り待避線から分岐するとともに下り本線との間にシーサスポイントがある

て出発することもできる。

現在は行ってないが、京成本線の最混雑区間が大神宮下→京成船橋間であり、京成船橋駅には折返設備がないので東中山駅まで区間運転の上り特急などが朝ラッシュ時に数本（運転開始の昭和46年には特急2本）運転されていた。この電車は3番線に入線して回送で折り返すか、引上線に入線していた。

船橋競馬場

船橋競馬場駅の少し手前の海神駅の山側成田寄りに横取線と逆渡り線がある。これらのポイントは乗上式である。

船橋競馬場駅は島式ホーム2面4線で成田に向かって左カーブしているために上野寄りのポイントの位置は上り線が上野寄りにずれている。下り線が先に待避線が分かれており、成田寄りも下り待避線の本線との合流は成田寄りになっている。このため下り待避線は上り待避線にくらべて長くなっている。

右：成田寄りから見た船橋競馬場駅
右下：上野寄りから見た京成津田沼駅
左下：京成津田沼駅ら成田・千葉方を見る。上下線とも成田寄りにシーサスポイントがあり、左側が千葉方面、右側が成田方面になる。千葉線はJR総武線と並行し、その下を京成本線がくぐっている

京成津田沼

京成津田沼駅は上野寄りで新京成電鉄が合流し、成田寄りでは千葉線が分かれている。このため島式ホーム3面6線になっている。京成線だけ見ると島式ホーム2面4線で、上野寄りに内方の線路とY字でつながる引上線がある。山側に新京成線の島式ホーム1面2線がある。

成田寄りでは上下線とも2線の線路間にシーサスポイントがあり、その先で千葉線と本線とに分かれる。そして本線の下り線と千葉線の上り線が平面交差して線路別になって千葉線が山側、本線が海側を通る。本線の海側には検修ピットと留置線が2線ずつ並んでいる。そして本線の上下線間に逆渡り線がある。

新京成線のホームの山側の線路は行き止まりになっており、海側は千葉線につながる。その先で千葉線の上下線間に逆渡り線があって千葉線と新京成線は直通運転をしている。

山側を通っている千葉線はJR総武本線と並行、本線は左カーブして、千葉線と総武本線の下をくぐって北東に進むようになる。

左：上野寄りから八千代台駅を見る。内方に逆渡り線がある
右下：成田寄りから八千代台駅を見る。成田寄りの逆渡り線は外方にあり、成田方面からの電車が1、2番線から折り返しができるように下り線側に入換信号機があるので、下り線に引き上げて上野方向に折り返しができる
左下：大和田駅は成田寄りにY形配線の引上線がある

八千代台

八千代台駅の手前の海側に2線の横取線と上下渡り線がある。ポイント乗上式である。

八千代台駅も島式ホーム2面4線である。上野寄り内方に逆渡り線があって下り3番線は折り返しができる。上り本線で引き上げて逆渡り線で3番線に入線できるための入換信号機はない。

成田寄りでは外方に逆渡り線があり、上り1、2番線は成田方面に折り返しが可能になっている。

京成大和田

京成大和田駅は相対式ホームだが、成田寄りで上下線が広がって、その間にY形配線で分かれる引上線がある。手前の山側に下り線から分かれる横取線が置かれている。

ユーカリが丘

ユーカリが丘駅の上り線は島式ホームになっていて朝ラッシュ時に主に普通が快速特急を待避する。上り線側も島式ホームにして待避線を設置できるようにしているが、朝ラッシュ時の

上野寄りから見たユーカリが丘駅。上り線側に待避線があるが、下線側でも待避線を設置できるようにしている

成田寄りから見た京成臼井駅。右の引上線は下り線とは渡り線状に分岐合流してから下り線に合流する。奥のホームの屋根の柱はＹ字状になっていて島式ホーム２面４線にできるようになっている

上りはさほど過密運転をしないので、待避線の設置の予定はない。

京成臼井

京成臼井駅の海側上野寄りに乗り上げポイントで分かれる横取線がある。成田寄りには引上線が設置されているが、Y字分岐ではなく上り線に引上線が合流して、上下線間に引上線が並行、そこに下り線から順渡り線で引上線につながっている。

京成臼井駅上下の片面ホームの背面に待避線を設置する空間があり、ホーム上屋もY字の柱になっており、島式ホーム2面4線にする準備がなされている。

京成佐倉

京成佐倉駅も島式ホーム2面4線で成田寄り内方に逆渡り線がある。このため上り線の2番線で成田方面からの折り返しができる。さらに下り本線の成田寄りで引き上げて2番線に転線して上野方面からの折り返しもできる。

実際に同駅折り返しの快速が下り本線上で引

成田寄りの上り特急から見た京成佐倉駅。2番線に折り返して快速が停車し、特急は待避線の1番線に進入するようにポイントが向いている

上野寄りから見た宗吾参道駅。海側に車庫がある

き上げて折り返している。夕ラッシュ時などでは成田空港発の特急が待避線の1番線に入線して折返快速が本線の2番線に入線して交差支障を起こさないようにしている。

宗吾参道

宗吾参道駅は車庫（宗吾参道車両基地）に隣接しており、入出庫のために上り線は島式ホームになっている。海側に車庫があり、駅の上野寄りに逆渡り線、続いて車庫の入出庫線と上り待避線とがつながったところの上り本線との間にシーサスポイントがある。さらに駅寄りには順渡り線がある。

待避線の海側には車庫の引上線が伸びてきている。待避線が上り本線につながった先の外方に逆渡り線がある。上り待避線1番線から下り本線の3番線までの3線は上野と成田の両方向に出発できる。

京成成田

京成成田駅は片面ホーム1面、島式ホーム2面による3線の発着線がある。片面ホームは山側にあり、下り本線は海側の島式ホームにも面した両側にホームがある。その隣の線路は中線でこれも両側にホームがある。海側の上り線は片側にしかホームがない。

上野寄りにシーサスポイント、成田空港寄りでは中線が上下線につながっている。下り本線と中線は両方向に出発できるが、上り本線は上野方面しか出発できない。

成田寄りから見た宗吾参道駅。上り線は島式ホームになっている。車庫はスカイライナーの整備もするので成田空港へのスカイライナーの回送も走る

上野寄りから見た京成成田駅

成田空港寄りから見た京成成田駅

旅鉄 CORE は、鉄道の世界を
趣味として、知識として
知見を広めるための
一歩踏み込んだシリーズです

編　集　　揚野市子（「旅と鉄道」編集部）
装　丁　　板谷成雄
本文デザイン　マジカル・アイランド
校　正　　柴崎真波

旅鉄 CORE005

配線で読み解く鉄道の魅力 3
首都圏郊外私鉄編

2023年5月27日　初版第1刷発行

著　者　　川島令三
発行人　　勝峰富雄
発　行　　株式会社天夢人
〒101-0051　東京都千代田区神田神保町 1-105
https://www.temjin-g.co.jp/
発　売　　株式会社山と溪谷社
〒101-0051　東京都千代田区神田神保町 1-105
印刷・製本　大日本印刷株式会社

●内容に関するお問合せ先
「旅と鉄道」編集部　info@temjin-g.co.jp　電話 03-6837-4680
●乱丁・落丁に関するお問合せ先
山と溪谷社カスタマーセンター　service@yamakei.co.jp
●書店・取次様からのご注文先
山と溪谷社受注センター　電話 048-458-3455　FAX048-421-0513
●書店・取次様からのご注文以外のお問合せ先
eigyo @ yamakei.co.jp

・定価はカバーに表示してあります。
・本書の一部または全部を無断で複写・転載することは、
著作権者および発行所の権利の侵害となります。
あらかじめ小社までご連絡ください。
©2023 Ryozo Kawashima All rights reserved.
Printed in Japan
ISBN978-4-635-82481-1

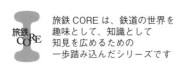